一般計量士

国家試験問題 解答と解説

1. 一基・計質（計量に関する基礎知識／計量器概論及び質量の計量）

（平成21年〜23年）

社団法人 日本計量振興協会 編

コロナ社

計量士をめざす方々へ

(序にかえて)

　近年，社会情勢や経済事情の変革にともなって産業技術の高度化が急速に進展し，有能な計量士の有資格者を求める企業が多くなっております。

　しかし，計量士の国家試験はたいへんむずかしく，なかなか合格できないと嘆いている方が多いようです。

　本書は，計量士の資格を取得しようとする方々のために，最も能率的な勉強ができるよう，この国家試験に精通した専門家の方々に執筆をお願いして編集しました。

　内容として，専門科目あるいは共通科目ごとにまとめてありますので，どの分野からどんな問題が何問ぐらい，どのへんに出ているかを研究してください。そして，本書に沿って，問題を解いてみてはいかがでしょう。何回か繰り返し演習を行うことにより，かなり実力がつくといわれています。

　もちろん，この解説だけでは納得がいかない場合もあるかもしれません。そのときは適切な参考書を求めて，その部分を勉強してください。

　そして，実際の試験場では，どの問題が得意な分野なのか，本書によって見当がつくわけですから，その得意なところから始めると良いでしょう。なお，解答時間は，1問当り3分たらずであることに注意してください。

　さあ，本書なら，どこでも勉強できます。本書を友として，ぜひとも合格の栄冠を勝ち取ってください。

2011年11月

社団法人　日本計量振興協会

目　　次

1. 計量に関する基礎知識　　基

1.1　第 59 回（平成 21 年 3 月実施） ·· *1*

1.2　第 60 回（平成 22 年 3 月実施） ·· *36*

1.3　第 61 回（平成 23 年 3 月実施） ·· *73*

2. 計量器概論及び質量の計量　　計 質

2.1　第 59 回（平成 21 年 3 月実施） ·· *110*

2.2　第 60 回（平成 22 年 3 月実施） ·· *131*

2.3　第 61 回（平成 23 年 3 月実施） ·· *152*

　本書は，平成 21 年～23 年に実施された問題をそのまま収録し，その問題に解説を施したもので，当時の法律に基づいて編集されております。したがいまして，その後の法律改正での変更（例えば，省庁などの呼称変更，法律の条文・政省令などの変更）には対応しておりませんのでご了承下さい。

1. 計量に関する基礎知識

一 基

1.1 第59回（平成21年3月実施）

---- **問 1** ----

複素平面上の2点 $z_1 = e^{\frac{\pi}{4}i}$, $z_2 = \sqrt{2}\,e^{\frac{\pi}{2}i}$ の間の距離として正しいものを次の中から一つ選べ。

1. 1
2. $\sqrt{2}$
3. $\sqrt{3}$
4. 2
5. $2\sqrt{2}$

[題意] 複素数分野に属する問題であるが，この分野の出題頻度はそう高くない。複素平面の考え方が理解できていれば，容易に解ける問題である。

複素数は抽象的な概念であるが，基礎的な部分さえ理解できていれば解ける。なお，この分野からは，このような複素平面の以外に，共役複素数に関する問題も出題された実績がある。

[解説] オイラー表示を用いる複素数は次式で表される。

$$re^{i\theta} = r(\cos\theta + i\sin\theta) \tag{1}$$

したがって，設問の2点である複素数 z_1, z_2 について，式 (1) を適用すると，それぞれ

$$z_1 = e^{\frac{\pi}{4}i} = 1 \times \left(\cos\frac{\pi}{4} + i\sin\frac{\pi}{4}\right) = \frac{\sqrt{2}}{2} + \frac{\sqrt{2}}{2}i$$

$$z_2 = \sqrt{2}\,e^{\frac{\pi}{2}i} = \sqrt{2} \times \left(\cos\frac{\pi}{2} + i\sin\frac{\pi}{2}\right) = \sqrt{2}\,i$$

となる。これらの点を複素平面の座標で表すと

$$z_1 = \left(\frac{\sqrt{2}}{2}, \frac{\sqrt{2}}{2}\right) \tag{2}$$

$$z_1 = (0, \sqrt{2}) \tag{3}$$

であり，複素平面上では下図のようになる。

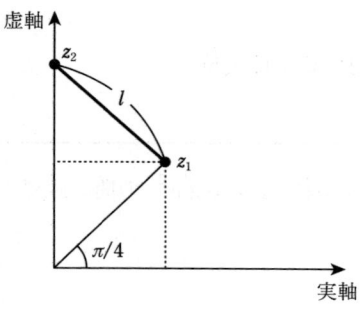

つまり，2 点 z_1，z_2 間の距離は図中の l であり，この距離 l は，式 (2) および式 (3) より，ピタゴラスの定理を適用すると

$$l = \sqrt{\left(\frac{\sqrt{2}}{2}\right)^2 + \left(\sqrt{2} - \frac{\sqrt{2}}{2}\right)^2} = 1$$

したがって，正解は **1** である。

なお，簡単な三角関数の値は覚えておく必要がある。少なくとも，30°（$\pi/6$），45°（$\pi/4$）および 60°（$\pi/3$）の sin, cos, tan 値ぐらいは覚えておく。

〔正 解〕 1

----- 〔問〕2 -----

ベクトル $\vec{a}$，$\vec{b}$ について，$|\vec{a}| = |\vec{b}|$ で，$\vec{a}$ と $\vec{b}$ のなす角が 60°であるとする。実数 x について，$\vec{a}$ と $x\vec{a} + \vec{b}$ が直交するときの，x の値として正しいものを次の中から一つ選べ。

1　0

2　$-\dfrac{1}{\sqrt{3}}$

3 $-\dfrac{1}{2}$

4 -1

5 $-\sqrt{3}$

【題意】 ベクトルの分野に属し，よく問われる直交に関する問題である。

【解説】 ベクトルの内積は

$$\vec{a}\cdot\vec{b}=|\vec{a}||\vec{b}|\cos\theta \tag{1}$$

であり，内積がゼロであるとすると，式 (1) は

$$\vec{a}\cdot\vec{b}=|\vec{a}||\vec{b}|\cos\theta=0 \tag{2}$$

となり

$$|\vec{a}|\neq 0 \text{ および } |\vec{b}|\neq 0 \text{ であれば，} \theta=90°$$

となる。つまり内積がゼロのとき，大きさがゼロでない二つのベクトルはたがいに直交していることになる。

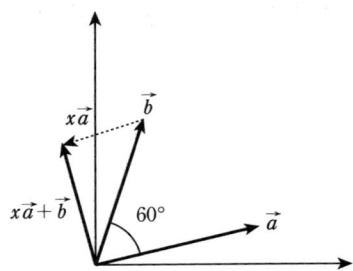

ここで，設問を図にすると上図のようになる。問題文より

$$|\vec{a}|=|\vec{b}|,\qquad \theta=60°$$

であり，この条件を式 (1) に代入すると

$$\vec{a}\cdot\vec{b}=|\vec{a}||\vec{b}|\cos 60°=\dfrac{|\vec{a}|^2}{2} \tag{3}$$

となる。
また，$\vec{a}$ と $x\vec{a}+\vec{b}$ が直交するときは，内積はゼロとなるので

$$\vec{a}\cdot(x\vec{a}+\vec{b})=x|\vec{a}|^2+\vec{a}\cdot\vec{b}=0 \tag{4}$$

であり，ここで
$$\vec{a} \cdot \vec{a} = |\vec{a}||\vec{a}|\cos 0° = |\vec{a}|^2$$
さらに，式 (4) に式 (3) を代入すると
$$\vec{a} \cdot (x\vec{a} + \vec{b}) = x|\vec{a}|^2 + \frac{|\vec{a}|^2}{2} = 0 \tag{5}$$
となり，式 (5) を満足する実数 x は
$$x = -\frac{1}{2}$$
である。

したがって，正解は **3** となる。

図を描いてみると，二つのベクトルの関係がわかり，後は三角関数の値がわかればおのずと解ける。

[正 解] 3

[問] 3

$\sum_{k=1}^{\infty} \dfrac{1}{k(k+1)(k+2)}$ の値として正しいものを次の中から一つ選べ。

1　$\dfrac{1}{8}$

2　$\dfrac{1}{4}$

3　$\dfrac{1}{2}$

4　1

5　2

[題 意] 数列分野に属する問題であり，ここ数年は出題されていなかった。この問題を解くにはこの分野の知識だけでは不十分で，極限を求める簡単なテクニックも必要である。限られた試験時間で式の誘導をすることは難しいので，公式を覚えておくことが重要である。

[解 説] まず，題意の式を n までの和で考えると

$$\sum_{k=1}^{n} \frac{1}{k(k+1)(k+2)} \tag{1}$$

となるので，式 (1) の和を求めると

$$\sum_{k=1}^{n} \frac{1}{k(k+1)(k+2)} = \sum_{k=1}^{n} \frac{1}{2}\left\{\frac{1}{k(k+1)} - \frac{1}{(k+1)(k+2)}\right\}$$

$$= \frac{1}{2}\left\{\left(\frac{1}{1\times 2} - \frac{1}{2\times 3}\right) + \left(\frac{1}{2\times 3} - \frac{1}{3\times 4}\right) + \cdots \right.$$
$$\left. + \left(\frac{1}{n(n+1)} - \frac{1}{(n+1)(n+2)}\right)\right\}$$

$$= \frac{1}{2}\left\{\frac{1}{2} - \frac{1}{(n+1)(n+2)}\right\}$$

$$= \frac{1}{4} \frac{n(n+3)}{(n+1)(n+2)} \tag{2}$$

である．ここで，式 (2) の右辺の分子分母を n^2 で除すと

$$\frac{1}{4} \frac{1 + \dfrac{3}{n}}{\left(1 + \dfrac{1}{n}\right)\left(1 + \dfrac{2}{n}\right)}$$

となる．求める値は上記の n が無限大のときの値である．したがって

$$\sum_{k=1}^{\infty} \frac{1}{k(k+1)(k+2)} = \lim_{n\to\infty} \frac{1}{4} \frac{n(n+3)}{(n+1)(n+2)}$$

$$= \frac{1}{4} \lim_{n\to\infty} \frac{1 + \dfrac{3}{n}}{\left(1 + \dfrac{1}{n}\right)\left(1 + \dfrac{2}{n}\right)} = \frac{1}{4}$$

となる．

したがって，正解は **2** である．

問題自体は簡単な公式さえ覚えていれば解けるレベルなので，簡単な等差・等比級数や数列の公式は覚えること．

[正 解] **2**

---- 問 4 ----

一辺の長さ 1 の立方体の頂点から三つを選び，これらを頂点として三角形を構成する．そのような三角形の中で，最も面積の大きい三角形の面積を次の中

から一つ選べ。

1 $\dfrac{1}{2}$
2 $\dfrac{\sqrt{2}}{2}$
3 $\dfrac{\sqrt{3}}{2}$
4 1
5 $\dfrac{\sqrt{5}}{2}$

[題 意] 幾何学分野の問題である。これ以外に三角形の内接円や外接円に関する問題は，出題頻度が高い。また，辺の比が 3：4：5 の直角三角形に関する問題もよく出題されるので，注意が必要である。

[解 説] 設問の条件（最も面積の大きい三角形）を満足する三角形は下図に示すような二等辺三角形（△ABC）である。

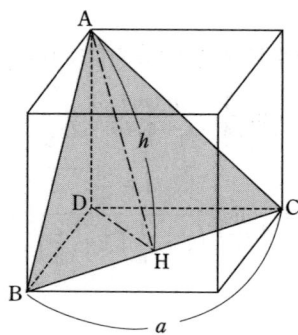

三角形の面積 S は，底辺 a × 高さ h ÷ 2 だから

$$S = \frac{1}{2}ah \tag{1}$$

である。

そこで，設問に従い三角形の底辺ならびに高さを求めると，底辺の長さ BC(a) は，立方体の一面の対角線の長さである。一辺の長さが 1 となっているので，ピタゴラスの定理より

$$a = \sqrt{2} \tag{2}$$

となり，また，高さ h は，三角形 ADH について考えると，辺 AD = 1 であり，辺 DH は一面の対角線の長さ（底辺 a）の 1/2 となるので

$$DH = \frac{\sqrt{2}}{2}$$

であり，先と同様にピタゴラスの定理を用いると

$$h = \sqrt{1^2 + \left(\frac{\sqrt{2}}{2}\right)^2} = \frac{\sqrt{6}}{2} \tag{3}$$

となる。

したがって，式 (1) に式 (2) および式 (3) を代入すると，三角形 ABC の面積 S は

$$S = \frac{1}{2}ah = \frac{1}{2} \times \sqrt{2} \times \frac{\sqrt{6}}{2} = \frac{\sqrt{3}}{2}$$

となる。

したがって，正解は **3** である。

幾何学を含め，ピタゴラスの定理はあらゆる場面で利用するので，自由に使いこなせるようにしておくこと。

[正 解] **3**

[問] 5

ある正方形があり，これと面積の等しい三角形を考える。三角形の一つの辺の長さがこの正方形の一辺と等しいとき，次の記述の中から正しいものを一つ選べ。

1　このような三角形は 2 つ以上存在しない。

2　このような三角形は 4 つ以上存在しない。

3　正方形の一辺と等しい辺を除く三角形の二辺の長さの和は，正方形の周長より短い。

4　正方形の一辺と等しい辺を除く三角形の二辺の長さの和は，正方形の周長に等しい。

5　正方形の一辺と等しい辺を除く三角形の二辺の長さの和は，正方形の周長より長い。

〔題 意〕 この問題も幾何学分野に属する問題である。この問題も図を描くと解法の糸口が見える。レベル的には中学レベルと思われる。

〔解 説〕 一辺の長さが a の正方形を考える。この正方形の一辺を底辺とする三角形の面積がこの正方形の面積 a^2 と同じになるためには，三角形の面積 S が

$$S = \frac{1}{2}ah$$

であるので，三角形の高さ h を正方形の辺の長さ a の2倍にすればよいことになる。これを図を描いてみるとつぎのようになる。

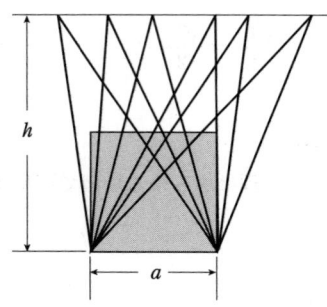

つまり，この条件を満足する三角形は無限に存在することになる。

また，この条件を満足して，周長の一番短い三角形は，二等辺三角形であり，正方形の一辺と等しい辺を除く三角形の二辺の和 l は，ピタゴラスの定理より

$$l = 2 \times \sqrt{(2a)^2 + \left(\frac{a}{2}\right)^2} = \sqrt{17}\,a$$

となる。

選択肢ごとに検討する。

1 について，このような三角形は無限にあるので誤りである。

2 について，**1** と同様で誤りである。

3 について，正方形の周長は $4a$ であり

$$\sqrt{17}\,a > 4a \tag{1}$$

となるので誤りである。

4 について，**3** と同様で誤りである。

5 について，式 (1) より，正しい。

したがって，正解は **5** となる。

3 と **5** は，逆のことを述べており，この二つのうち一つが解だろうとねらいをつける考え方は効果的である。

この問題も設問に従って図を描けば解ける。問題を読みながら図が描けるように訓練する必要がある。

[正 解] **5**

[問] **6**

16進数 DAC に C54 を加えた結果を 10 進数表記にした。その表記として正しいものを次の中から一つ選べ。ただし，16進数の A～F は 10 進数の 10～15 を表す。

1　6456
2　6656
3　6696
4　6848
5　6996

[題 意]　代数に関する基本的な問題である。2進数－16進数の計算は出題頻度が高く，難易度も低い。また，代数分野から，2次方程式もよく出題される。

[解 説]　二つの 16 進数 DAC および C54 を順に 10 進数に変換すると，A→10, B→11, C→12, D→13, E→14, F→15 より

$$13 \times 16^2 + 10 \times 16^1 + 12 \times 16^0 = 3328 + 160 + 12 = 3500$$

$$12 \times 16^2 + 5 \times 16^1 + 4 \times 16^0 = 3072 + 80 + 4 = 3156$$

であるので，この二つの値の和は

$$3500 + 3156 = 6656$$

となる。

したがって，正解は **2** である。

(別解)

以下のように同じ桁どうしで計算すると短時間で解を求めることができる。

$$13 \times 16^2 + 10 \times 16^1 + 12 \times 16^0$$
$$+)\quad 12 \times 16^2 + 5 \times 16^1 + 4 \times 16^0$$
$$1 \times 16^3 + 10 \times 16^2 + 0 \times 16^1 + 0 \times 16^0$$

となるので，$1 \times 16^3 + 10 \times 16^2 + 0 \times 16^1 + 0 \times 16^0 = 4\,096 + 2\,560 = 6656$ である。

[正解] 2

[問] 7

行列 $\mathbf{A} = \begin{bmatrix} m-1 & -2 \\ 0 & -m+1 \end{bmatrix}$ について，$\mathbf{A}^{-1} = \mathbf{A}$ が成立する m の値を次の中から一つ選べ。

1　-1
2　$\dfrac{1}{2}$
3　1
4　2
5　5

[題意] 逆行列に関する問題で，ほぼ例年どおりの内容である。これ以外に，行列方程式も出題された実績がある。なお，過去一度だけ行列の固有値を求める問題が出題された。

[解説] 行列 $\mathbf{X}$ を

$$\mathbf{X} = \begin{bmatrix} a & b \\ c & d \end{bmatrix} \tag{1}$$

とすると，その逆行列 $\mathbf{X}^{-1}$ は

$$\mathbf{X}^{-1} = \frac{1}{ad-bc}\begin{bmatrix} d & -b \\ -c & a \end{bmatrix} = \frac{1}{D}\begin{bmatrix} d & -b \\ -c & a \end{bmatrix} \tag{2}$$

ここで
$$D = ad - bc$$

である。

設問の行列 $\mathbf{A}$ を式（1）に代入すると

$$a = m-1,\ b = -2,\ c = 0,\ d = -m+1 \tag{3}$$

となる。$\mathbf{X}$ の逆行列 $\mathbf{X}^{-1}$ が存在するためには，式（2）より

である。ここで
$$\mathbf{X} = \begin{bmatrix} a & b \\ c & d \end{bmatrix} = \begin{bmatrix} a & -2 \\ 0 & d \end{bmatrix} \tag{4}$$

$$\mathbf{X}^{-1} = \frac{1}{ad-bc}\begin{bmatrix} d & -b \\ -c & a \end{bmatrix} = \frac{1}{ad}\begin{bmatrix} d & 2 \\ 0 & a \end{bmatrix} = \begin{bmatrix} \dfrac{1}{a} & \dfrac{2}{ad} \\ 0 & \dfrac{1}{d} \end{bmatrix} \tag{5}$$

であるので，$\mathbf{A} = \mathbf{A}^{-1}$ より，$\mathbf{X} = \mathbf{X}^{-1}$ とすると
$$a = \frac{1}{a}, \ -2 = \frac{2}{ad}, \ d = \frac{1}{d}$$

となり
$$a^2 = 1, \ ad = -1, \ d^2 = 1$$

となるので
$$a = \pm 1, \ d = \mp 1 \ (\text{符号同順}) \tag{6}$$

を得ることができる。式 (6) を式 (3) に代入すると
$$m = 0, \ 2$$

である。

したがって，正解は **4** である。

［正 解］ 4

［問］8

関数 $y = x^3 + kx^2 - 2kx + 2$ が極値を持たないような k の範囲として正しいものを次の中から一つ選べ。

1 $0 \leq k \leq 6$

2 $-6 \leq k \leq 0$

3 $k \leq 1$

4 $k \geq 0$

5 $-1 \leq k \leq 1$

1. 計量に関する基礎知識

〔題 意〕 微分に属する問題であり，ここ数年応用問題が出題されている。この分野では，マクローリン級数を用いた近似式の問題がよく出題されていたが，最近はその頻度がかなり低い。

〔解 説〕 設問の関数

$$y = x^3 + kx^2 - 2kx + 2 \tag{1}$$

が，極値を持たない条件は，この関数を x について微分した値が 0 以上であることなので，式（1）を x について微分すると

$$\frac{dy}{dx} = y' = 3x^2 + 2kx - 2k \tag{2}$$

となり，式（2）においてすべての x に対して $y' \geq 0$ ということは，換言すると下記の二次方程式（3）が実数解を持たない（つまり，虚数解を持つ）ということである。

$$3x^2 + 2kx - 2k = 0 \tag{3}$$

二次方程式

$$ax^2 + bx + c = 0$$

が実数解を持たない条件は，その二次方程式の解の判別式 D が 0 以下（$D \leq 0$）であり，判別式 D は

$$D = b^2 - 4ac \tag{4}$$

である。

設問の条件に基づき，式（4）に式（3）を適用すると

$$D = (2k)^2 - 4 \times 3 \times (-2k) = 4k^2 + 24k = 4k(k+6) \leq 0$$

となり，これを解くと

$$-6 \leq k \leq 0$$

を得る。

したがって，正解は **2** である。

（注）$y' = 0$ では極値をとらないので，$y \geq 0$ ならよい。すなわち $D \leq 0$ ならばよい。

二次方程式の解の公式は，代数分野以外でもよく利用するので，十分理解しておくことが重要である。

〔正 解〕 2

問 9

二次関数 $y = f(x)$ のグラフが 2 点 $(0, 0)$, $(1, 1)$ を通り，また $\int_{-1}^{1} x f(x) \, dx = 0$ となるとき，$f(x)$ として正しいものを次の中から一つ選べ．

1 $\quad -x^2 + 2x$
2 $\quad 2x^2 - x$
3 $\quad x^2 + x - 1$
4 $\quad x^2 + 1$
5 $\quad x^2$

[題 意] 積分に関する問題であるが，従来の傾向とは少し異なっており，選択肢ごとに定積分を計算しなくてはならない．この分野からは大半が曲線の長さ，曲線に囲まれた面積および曲線を x 軸または y 軸に回転させた場合の体積のいずれかである．この公式が身に付いていれば解ける．また，偶関数・奇関数の特徴に気がつけば，正解も早い．

[解 説] 設問の条件の一つは

$$\int_{-1}^{1} x f(x) \, dx = 0 \tag{1}$$

となっている．

選択肢ごとに検討する．

1 について，選択肢の関数

$$f(x) = -x^2 + 2x \tag{2}$$

は，2 点 $(0, 0)$, $(1, 1)$ を通り，式 (2) を式 (1) に代入し，積分すると

$$\int_{-1}^{1} x(-x^2 + 2x) \, dx = \int_{-1}^{1}(-x^3 + 2x^2) \, dx = \left[-\frac{x^4}{4} + \frac{2x^3}{3}\right]_{-1}^{1}$$

$$= \left(-\frac{1}{4} + \frac{2}{3}\right) - \left(-\frac{1}{4} - \frac{2}{3}\right) = \frac{4}{3} \neq 0$$

となるので，設問の条件を満足せず，誤りである．

2 について，選択肢の関数

$$f(x) = 2x^2 - x \tag{3}$$

は，2 点 $(0, 0)$, $(1, 1)$ を通り，式 (3) を式 (1) に代入し，積分すると

$$\int_{-1}^{1} x\,(2x^2 - x)\,dx = \int_{-1}^{1} (2x^3 - x^2)\,dx = \left[\frac{2x^4}{4} - \frac{x^3}{3}\right]_{-1}^{1}$$

$$= \left(\frac{2}{4} - \frac{1}{3}\right) - \left(\frac{2}{4} + \frac{1}{3}\right) = -\frac{2}{3} \neq 0$$

となるので,設問の条件を満足せず,誤りである。

3 について,選択肢の関数

$$f(x) = x^2 + x - 1 \tag{4}$$

は,2点 (0, 0),(1, 1) のうち (0, 0) を通らないので,設問の条件を満足せず,誤りである。ちなみに,式 (4) を式 (1) に代入し,積分すると

$$\int_{-1}^{1} x\,(x^2 + x - 1)\,dx = \int_{-1}^{1} (x^3 + x^2 - x)\,dx = \left[\frac{x^4}{4} + \frac{x^3}{3} - \frac{x^2}{2}\right]_{-1}^{1}$$

$$= \left(\frac{1}{4} + \frac{1}{3} - \frac{1}{2}\right) - \left(\frac{1}{4} - \frac{1}{3} - \frac{1}{2}\right) = \frac{2}{3} \neq 0$$

となる。

4 について,選択肢の関数

$$f(x) = x^2 + 1 \tag{5}$$

は,2点 (0, 0),(1, 1) を通らないので,設問の条件を満足せず,誤りである。ちなみに式 (5) を式 (1) に代入し,積分すると

$$\int_{-1}^{1} x\,(x^2 + 1)\,dx = \int_{-1}^{1} (x^3 + x)\,dx = \left[\frac{x^4}{4} + \frac{x^2}{2}\right]_{-1}^{1} = \left(\frac{1}{4} + \frac{1}{2}\right) - \left(\frac{1}{4} + \frac{1}{2}\right) = 0$$

となるので,積分の条件は満足している。

5 について,選択肢の関数

$$f(x) = x^2 \tag{6}$$

は,2点 (0, 0),(1, 1) を通り,式 (6) を式 (1) に代入し,積分すると

$$\int_{-1}^{1} x\,(x^2)\,dx = \int_{-1}^{1} x^3\,dx = \left[\frac{x^4}{4}\right]_{-1}^{1} = \left(\frac{1}{4}\right) - \left(\frac{1}{4}\right) = 0$$

となるので,設問の条件を満足しているので正しい。

したがって,正解は **5** である。

(別解) この問題は,消去法を利用できる。

まず,2点 (0, 0),(1, 1) を通る関数を有する選択肢は,**1**,**2** および **5** である。

つぎに,偶関数と奇関数という切り口で選択肢を検討する。

つまり,設問の条件

$$\int_{-1}^{1} x f(x)\,dx = 0 \tag{7}$$

から，原関数に x を乗じた関数が奇関数のみであれば，条件 (7) が成り立つことになるので，原関数は偶関数である。残された **1**，**2** および **5** の中で偶関数となるのは **5** のみであるので，これが選ぶべき選択肢となる。

偶関数と奇関数について，少し説明すると，関数 $f(x)$ において，任意の x に対し，偶関数とは

$f(-x) = f(x)$

が成立する関数のことであり，奇関数とは

$f(-x) = -f(x)$

が成立する関数のことである。つまり，偶関数は y 軸に関して対称（線対称）になり，奇関数とは原点 $(0,0)$ に関して対称（点対称）となる。したがって，式 (7) が成立するためには，原関数に x を乗じた段階で，奇関数である必要があり，原関数では偶関数であることが不可欠となる。

〔正解〕 **5**

〔問〕 10

サイコロを 1 回だけ投げて，出た目の数だけ 100 円玉をもらうとする。その期待値として正しいものを次の中から一つ選べ。

1　150 円
2　200 円
3　250 円
4　300 円
5　350 円

〔題意〕 確率・統計に関する基本的な問題であり，最近は，毎年出題されている。特に，この問題と問 11 の確率の問題は，特段の知識を要しないので正解しなければならない問題である。

〔解説〕 期待値とは，その値が得られる確率とその値との積の和である。設問では，サイコロの出た目の数だけの 100 円玉をもらうようになっている。サイコロの目

は平等に出るのでサイコロの出る目の期待値は

$$\frac{1+2+3+4+5+6}{6} = 3.5$$

よって，もらえる金額は

　　3.5×100 円 $= 350$ 円

となる。

したがって，正解は **5** である。

[正 解] 5

[問] 11

兄弟 2 人がゲームをしている。このゲームのルールは，2 人でジャンケンをし，勝った方は 2 歩進み，負けた方はそのままの位置にとどまり，あいこだったら 2 人とも 1 歩だけ進むものとする。3 回ジャンケンを行うとき，兄が最初の位置からちょうど 4 歩進んでいる確率を次の中から一つ選べ。

1　$\dfrac{1}{9}$

2　$\dfrac{4}{27}$

3　$\dfrac{2}{9}$

4　$\dfrac{7}{27}$

5　$\dfrac{10}{27}$

[題 意] 問 10 と同様に，確率・統計に関する基本的な問題である。

[解 説] 設問より，3 回のジャンケンで，兄が最初の位置からちょうど 4 歩進むためには，2 回勝ち 1 回負けるか，1 回勝ち 2 回あいこになるか，いずれかである。ジャンケンで勝つ確率も負ける確率もあいこ（引き分け）になる確率も，いずれも 1/3 であるので，確率 P_1 は

$$P_1 = \frac{1}{3} \times \frac{1}{3} \times \frac{1}{3} = \left(\frac{1}{3}\right)^2 = \frac{1}{27} \tag{1}$$

となる。

また，2回勝ち1回負ける場合は，最初に負けて残りの2回勝つ場合，2回目で負けて残りの2回勝つ場合と最後に負けて残りの2回勝つ場合の3通りである．同様に，1回勝ち2回あいこになる場合も3通りである．

3回のジャンケンで，兄が最初の位置からちょうど4歩進むのは全部で6通りということになる．全体の確率 P は，式 (1) の確率が6通りあるということなので

$$P = 6P_1 = 6 \times \left(\frac{1}{3}\right)^2 = 6 \times \frac{1}{27} = \frac{2}{9}$$

となる．

したがって，正解は，**3** である．

(別解) 題意のように，3回ジャンケンをして，ちょうど4歩進むためには，下表のように表される

表

1回目	2回目	3回目	確率
×（負け） 1/3	○（勝ち） 1/3	○（勝ち） 1/3	1/27
○（勝ち） 1/3	×（負け） 1/3	○（勝ち） 1/3	1/27
○（勝ち） 1/3	○（勝ち） 1/3	×（負け） 1/3	1/27
○（勝ち） 1/3	△（あいこ） 1/3	△（あいこ） 1/3	1/27
△（あいこ） 1/3	○（勝ち） 1/3	△（あいこ） 1/3	1/27
△（あいこ） 1/3	△（あいこ） 1/3	○（勝ち） 1/3	1/27

したがって，求める確率は

$$6 \times \frac{1}{27} = \frac{2}{9}$$

となる．このように条件を整理して解く方法は少し時間がかかるというデメリットがあるが，特段のテクニックは必要ないので身に付けておいたほうが便利である．

[正解] **3**

1. 計量に関する基礎知識

問 12

確率・統計に関する次の記述の中から，誤っているものを一つ選べ。

1　分散の正の平方根は標準偏差であり，平均偏差とも言う。
2　成功率 p，失敗率 q で，$p+q=1$ ならば，n 回中 k 回成功する確率は，${}_nC_k p^k q^{n-k}$ である。ただし，${}_nC_k$ は二項係数であり，p と q は正とする。
3　空でない事象 A と B の積事象 $A \cap B$ が空事象の時，A と B は互いに排反である。
4　空でない事象 A の余事象を A^C とすると，$A \cap A^C$ は空事象となる。
5　平均 μ，分散 σ^2 の正規分布にしたがう確率変数 x の確率密度関数を $f(x)$ としたとき，その変曲点の x 座標値は $\mu \pm \sigma$ である。

[題 意]　確率・統計に関する基本的な問題である。なお，問われる用語はほぼ決まっているので，きちんと整理して覚えておくこと。

[解 説]　選択肢ごとに検討する。

1 について，分散の正の平方根は標準偏差であるが，平均偏差ではない。したがって，この選択肢は誤り。

ちなみに，平均偏差は

$$\frac{\sum_{i=1}^{n}|x_i - \overline{x}|}{n}$$

と定義されている。

2 について，成功率 p，失敗率 q で，$p+q=1$ であれば，n 回中 k 回成功する確率は ${}_nC_k p^k q^{n-k}$ である。この選択肢は正しい。

3 について，空でない事象 A と B の積事象 $A \cap B$ が空事象の場合，A と B は互いに排反している。この選択肢は正しい。

4 について，空でない事象 A の余事象 A^C は，$A \cap A^C$ は空事象である。この選択肢は正しい。

5 について，正規分布の確率密度関数の変曲点は，確率変数の平均値 μ から標準偏差 σ の値だけ離れたところにある。この選択肢は正しい。ちなみに，平均値 $\mu \pm \sigma$ の範囲内に 68.26 ％のデータが入る。

したがって，正解は **1** である。

[正 解] **1**

[問] **13**

焦点距離 12 cm の薄い凸レンズの中心から前方 60 cm のところに物体がある。この物体の実像はレンズの中心から後方何 cm のところにできるか。次の中から正しいものを一つ選べ。

1　15 cm
2　30 cm
3　60 cm
4　120 cm
5　240 cm

[題 意]　光と光波に関する基本的な問題であり，ここ数年毎回出題され，正誤問題が中心であるが，今回のように計算問題も出題されるのでレンズの公式などの基本的な公式は，確実に覚えておく必要がある。

なお，正誤問題では，光の回折，干渉や散乱あるいはレンズを通した像の性質（虚像や正逆）などから出題される。

[解 説]　レンズと物体の距離を a，レンズと像の距離を b およびレンズの焦点距離を f とすると

$$\frac{1}{a} + \frac{1}{b} = \frac{1}{f} \tag{1}$$

の関係があり，これをレンズの公式という。この公式の形は，直流回路の並列抵抗の合成の式と同じである。

設問の条件より，物体とレンズまでの距離 a が $a = 60$ cm およびレンズの焦点距離 f は，$f = 12$ cm であるので，式 (1) に代入すると

$$\frac{1}{a} + \frac{1}{b} = \frac{1}{60} + \frac{1}{b} = \frac{1}{f} = \frac{1}{12}$$

つまり

20   1. 計量に関する基礎知識

$$\frac{1}{b} = \frac{1}{12} - \frac{1}{60} = \frac{4}{60}$$

であり

$$b = \frac{60}{4} = 15$$

となる。

したがって，正解は **1** である。

【正 解】 1

問 14

一端を閉じた長さ 30 cm のガラス管に音波を送り，管内の空気を振動させて図のような定常波をつくった。定常波の波長はいくらか。次の中から正しいものを一つ選べ。ただし，開口端補正は無視する。

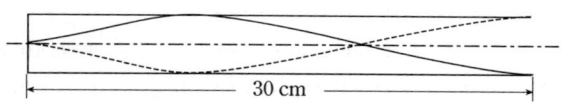

1　10 cm
2　20 cm
3　30 cm
4　40 cm
5　50 cm

【題 意】 振動・波動に関する基本的な問題であり，出題パターンも正誤問題が大半である。

【解 説】 設問の図より，波長を λ とすると

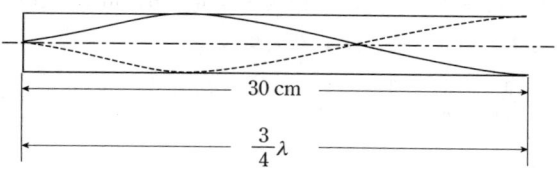

$$\frac{3}{4}\lambda = 30$$

であるので，求める波長 λ は

$$\lambda = 40 \text{ cm}$$

である。

したがって，正解は **4** である。

波長の定義がわかっていれば，即回答できる問題である。

[正解] 4

[問] 15

図のような電子線発生装置で，陽極と陰極の間に 15 kV の電圧をかけ，陰極を加熱して熱電子を放出させるとき，熱電子が陰極を出てから陽極に到達するまでに得る運動エネルギーは何 J か。次の中から最も近い値を一つ選べ。ただし，電子の電荷を -1.6×10^{-19} C とする。

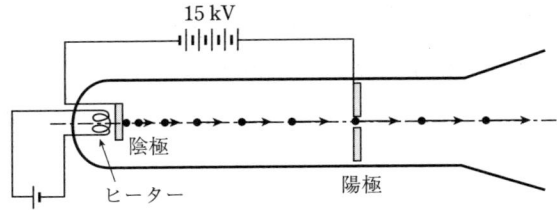

1 0.6×10^{-15} J
2 1.2×10^{-15} J
3 2.4×10^{-15} J
4 3.6×10^{-15} J
5 4.8×10^{-15} J

[題意] 電子の運動に関する問題で，分野としては量子論・原子論に属する。この分野は大半が正誤問題なので，定量的というよりは定性的に覚えておいても十分対応できるが，今回のように計算問題もたまに出題される。なお，この分野からは放射線や半減期などの問題もよく出題される。

[解 説] 陽極と陰極間の電圧差を V，電子の電荷を e とすると，帯電粒子が電界中では，運動エネルギーは極板間の電界がする仕事 W と等しいので

$$\frac{1}{2}mv^2 = W = eV \tag{1}$$

となり，式 (1) に設問の条件を代入すると

$$\frac{1}{2}mv^2 = eV = (1.6 \times 10^{-19}) \times (15 \times 10^3) = 2.4 \times 10^{-15}$$

を得る。

したがって，正解は **3** である。

この問題は，単位の関係を知っていれば，式の誘導が可能である。つまり，$1\,\mathrm{J} = 1\,\mathrm{C}$（クーロン）$\times\,1\,\mathrm{V}$（ボルト）であることを覚えていれば，式 (1) は容易に誘導できる。したがって，組立単位の代表的なものである J（ジュール），N（ニュートン）や Pa（パスカル）などについては多面的に理解し，覚えておく必要がある。

[正 解] 3

[問] 16

周期 6.3 s の単ふり子をつくるには，糸の長さをいくらにしたらよいか。次の中から正しい値に最も近いものを一つ選べ。ただし，重力加速度の大きさを 9.8 m/s² とする。

1　1.1 m
2　3.3 m
3　5.5 m
4　7.7 m
5　9.9 m

[題 意] 振動・波動に関する基本的な問題であり，正誤問題が大半である。たまに，今回のように計算問題も出題される。基本的な公式はよく覚えておくこと。

[解 説] 単振り子の周期 T は，作用する重力加速度を g，振り子の長さを l とすると

である。

$$T = \frac{1}{f} = 2\pi\sqrt{\frac{l}{g}} \qquad (1)$$

である。式 (1) を変形すると

$$l = g\left(\frac{T}{2\pi}\right)^2$$

設問の条件を式 (1) に代入すると

$$l = g\left(\frac{T}{2\pi}\right)^2 = 9.8 \times \left(\frac{6.3}{2 \times \pi}\right)^2 \fallingdotseq 9.9$$

を得る。

したがって，正解は **5** である。

【正解】 **5**

問 17

路上を速さ v で走っていた質量 M の自動車が急ブレーキをかけたところ，直ちに車輪の回転が止まり，その後に自動車は路面を距離 X だけ滑って停止した。路面とタイヤの間の動摩擦係数を μ，重力加速度の大きさを g とするとき，距離 X はどのように表されるか。次の中から正しいものを一つ選べ。

1. $\dfrac{v}{2\mu g}$
2. $\dfrac{v^2}{2\mu g}$
3. $\dfrac{Mv}{2\mu g}$
4. $\dfrac{Mv^2}{2\mu g}$
5. $\dfrac{2Mv^2}{\mu g}$

【題意】 力学の分野に関する問題で，等加速度運動に関する公式を覚えていれば，簡単な問題である。運動に関してはこれ以外に等速度運動もよく出題される。

なお，この分野からは，例年，力のつり合い，遠心力・向心力，エネルギー保存則，運動量保存則に関する問題が大半である。問 16 のような振動の周期や振動数に関する問題も多数出題されるので，振動の公式は一通り理解し覚えておく必要がある。

[解 説] 問題を理解するために図で表すと，つぎのようになる．

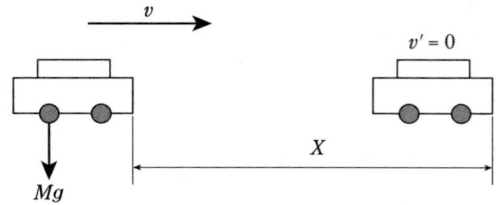

設問より，路面とタイヤの間の動摩擦係数 μ が作用しているので，この運動は等加速度運動であることがわかる．ここで，最初の速度を v，距離を X，移動後の速度を v' およびその間の加速度を a とすると

$$v'^2 - v^2 = 2aX \tag{1}$$

と表せる．

設問の条件より，動摩擦による負の加速度 a は，動摩擦係数が μ，重力加速度が g であるので

$$a = -\mu g \tag{2}$$

であり，距離 X 移動後に停止（$v' = 0$）しているので，この条件と式 (2) を式 (1) に代入すると

$$-v^2 = -2\mu g X$$

となるので，これを変形すると

$$X = \frac{v^2}{2\mu g}$$

を得る．

したがって，正解は **2** である．

(別解) この問題は，選択肢の単位の次元を調べることによっても正解にたどり着ける．求めるのは距離であるので長さの単位となる．

選択肢ごとに単位を確認するとつぎのようになる．なお，動摩擦係数はその定義より無次元である．

1 について，分子は速度なので長さ／時間，分母は重力加速度なので長さ／（時間）^{2} であり，最終的な次元は時間となり，該当しない．

2 について，分子は（速度）^{2} つまり（長さ／時間）^{2}，分母は重力加速度なので長さ／(時間)^2 であり，最終的な次元は長さとなり，該当する．

3について，分子は質量と速度の積つまり質量×長さ／時間，分母は重力加速度なので長さ／（時間）^{2}であり，最終的な次元は質量×時間となり，該当しない．

4について，分子は質量と速度の積，つまり質量×（長さ／時間）^{2}，分母は重力加速度なので長さ／（時間）^{2}であり，最終的な次元は質量×長さとなり，該当しない．

5について，分子と分母の単位の次元は先に説明した**4**と同じなので，最終的な次元は質量×長さとなり，該当しない．

したがって，長さの単位となっているのは**2**のみである．

〔正 解〕 **2**

問 18

電磁気学に関する次の記述の中から誤っているものを一つ選べ．

1 一様な物質からなる断面積 S，長さ L の導線の常温における直流抵抗値は $\dfrac{L}{S}$ に比例する．

2 容量が C_1 と C_2 である2個のコンデンサーを並列に接続すると，合成容量は $C_1 + C_2$ となる．

3 電荷には正と負の2種類があり，同種の電荷の間には引力が，異種の電荷の間には斥力が働く．

4 電磁誘導によってコイルに誘起される起電力は，コイルの巻数に比例する．

5 磁場中に置かれた導線に電流を流すとローレンツ力が発生する．

〔題 意〕 電磁気学の分野に関する問題で，基礎的な内容に関する出題である．

この分野からは，抵抗やコンデンサーの合成，荷電粒子の一様電場・磁場中の運動など多岐にわたって出題されるが，基礎的な内容がほとんどなので，対応できるようにしておく必要がある．

〔解 説〕 選択肢ごとに検討する．

1について，単位長さ（1 m），単位断面積（1 m^2）当りの物質の電気抵抗，つまり抵抗率を ρ とすると，抵抗値 R は

$$R = \rho \frac{L}{S}$$

と表せる．したがって，この選択肢は正しい．

2について，容量がC_1とC_2のコンデンサーを並列接続すると，合成容量Cは

$$C = C_1 + C_2$$

と表せる．したがって，この選択肢は正しい．

ちなみに，直列接続した場合の合成容量はCは

$$\frac{1}{C} = \frac{1}{C_1} + \frac{1}{C_2}$$

となる．

3について，電荷には正と負の2種類があるが，同種の電荷の間には斥力が，異種の電荷の間には引力が働く．この選択肢ではこの逆の説明となっているので誤りである．

4について，電磁誘導によってコイルに誘起される起電力Vは，コイルの巻数をnとすると

$$V = -n\frac{d\phi}{dt}$$

と表され，起電力Vはコイルの巻数nに比例する．したがって，この選択肢は正しい．

5について，磁場中に置かれた導線に電流を流すとローレンツ力が発生する．したがって，この選択肢は正しい．

したがって，正解は**3**である．

【正解】 **3**

問 19

図のように，スイッチ，電圧Eの電池，抵抗Rの抵抗器，および容量Cのコンデンサーを直列に接続した回路がある．このスイッチを開にしたままコンデンサーを完全に放電し，時刻$t = 0$においてスイッチを閉じたとき，その後にこの回路に発生する現象を正しく記述しているものはどれか．次の中から一つ選べ．ただし，回路は理想的で電池の内部抵抗やコンデンサーの漏洩電流など

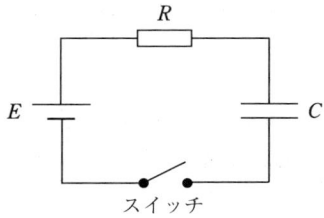

は無視でき，$t>0$ ではスイッチは閉状態が保持されるものとする。

1 時刻 $t=0$ から，反時計回り（電池→スイッチ→コンデンサー→抵抗器の向き）に電流が流れる。

2 回路を流れる電流の値は，常に一定である。

3 回路を流れる電流の値は，$\dfrac{E}{R}$ より大きくなることがある。

4 コンデンサーの両端の電位差は，時間とともに減少し，やがて 0 となる。

5 抵抗器の両端の電位差は，時間とともに減少し，やがて 0 となる。

[題 意] この分野では，直列・並列回路の抵抗やコンデンサーの合成，電気振動回路，一様電場・磁場中の荷電粒子の運動などもよく出題されるので，解けるようにしておく。また，ホイートストンブリッジ回路は，「計質」の電気抵抗線式かりのひずみゲージなどの問題でも出題されるので，構造や特徴を理解しておく。

なお，オームの法則と直列・並列接続の場合の抵抗の合成がわかれば解ける。

[解 説] **1** について，図の電池の向きより，電流は右回り（電池→抵抗→コンデンサー→抵抗器の向き）に流れる。選択肢は誤り。

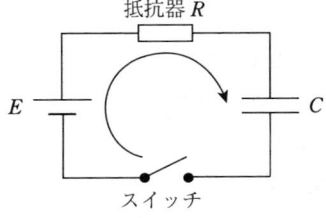

2 について，回路を流れる電流は，スイッチを閉じた瞬間から流れ始めるが，コンデンサーの容量が満たされると流れなくなるので，常に一定ではない。選択肢は誤り。

3について，回路を流れる電流 I は，オームの法則より

$$I \leq \frac{E}{R}$$

であるので，大きくなることはない。選択肢は誤り。

4について，コンデンサーの両端の電位の差は，時間とともに増加し，やがて E となる。選択肢は誤り。

5について，抵抗値の両端の電位の差は，時間とともに減少し，やがて 0 となる。選択肢は正しい。

したがって，正解は **5** である。

[正解] 5

[問] 20

半導体に関する次の記述の中から誤っているものを一つ選べ。
1 n 型半導体では，電子が多数キャリアである。
2 p 型半導体では，正孔が多数キャリアである。
3 p 型半導体と n 型半導体を接合すると整流器を作ることができる。
4 半導体と金属とを接合しても整流器を作ることはできない。
5 一般に半導体の電気伝導率は温度の上昇とともに増加する。

[題意] 量子論・原子論分野の問題であるが，このような半導体に関して問われるような出題はこれまでほとんどなかった。あまりにも常識すぎて勉強するのを忘れてしまう可能性があるので，忘れずにポイントを押さえておくこと。

[解説] 選択肢ごとに検討する。
1について，n 型半導体では電子が多数キャリアであるので，正しい。
2について，p 型半導体では正孔が多数キャリアであるので，正しい。
3について，p 型半導体と n 型半導体を接合すると整流器となるので，正しい。
4について，半導体と金属を接合しても整流器となるので，誤り。
5について，設問どおり，一般に温度の上昇に伴い半導体の電気伝導率も上昇するので，正しい。

したがって，正解は **4** である。

[正解] 4

[問] 21

2001年の猛暑のときに，ある電力会社が供給した最大瞬間電力は6430万kWであった。この電力を全てまかなうために必要な太陽光発電パネルの面積は，日本のどの島の面積に相当するか。最も近い面積を持つものを次の中から一つ選べ。ただし，太陽光のエネルギーは1 m²あたり毎分60 kJとし，これを効率10％の太陽光発電パネルで垂直に受けるものとする。

1　北海道（77 982 km²）
2　沖縄本島（1 206 km²）
3　対馬島（696 km²）
4　小豆島（153 km²）
5　久米島（59 km²）

[題意] 熱の基礎的な内容である熱量に関する計算問題で単位を間違わなければ解ける問題である。この分野からの出題は，例年，気体の状態方程式，ボイル・シャルルの法則や熱伝導に関する問題が主題される。例年2問程度で，そのうち1問は正誤問題なのだが，今回は計算問題が1問のみであった。

[解説] 太陽光のエネルギー E は

$$E = 60 \text{ kJ/(m}^2 \cdot \text{min)} = 1 \text{ kJ/(m}^2 \cdot \text{s)} \tag{1}$$

であり，パネルの効率が10％（0.1）となっているので，パネルから得られる太陽光エネルギー E_s は，式（1）より

$$E_s = 0.1 \times 1 = 0.1 \text{ kJ/(m}^2 \cdot \text{s)} \tag{2}$$

となる。

必要な電力 W は

$$W = 6\,430 \times 10^4 \text{ kW} = 6.43 \times 10^7 \text{ kJ/s} \tag{3}$$

であるので，必要な面積 S は，式（2）および式（3）より

$$S = \frac{W}{E_s} = \frac{6.43 \times 10^7}{0.1} = 6.43 \times 10^8 \text{ m}^2 = 643 \text{ km}^2$$

となる。

つまり，必要な面積に最も近い面積を持つ島は面積が 698 km² の対馬島となる。

したがって，正解は **3** である。

【正解】 3

----- **問 22** -----

図のように，質量 1.000 kg の単結晶シリコンをある液体中に完全に沈めて懸下式質量計に吊したところ，浮力の影響で 0.661 kg を示した。次の中からこの液体として正しいものを一つ選べ。ただし，単結晶シリコンの密度は 2.33 g/cm³ とする。

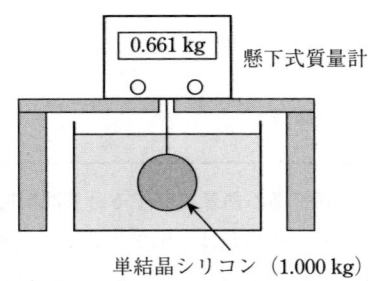

1 エチルアルコール（0.79 g/cm³）
2 菜種油（0.91 g/cm³）
3 水（1.00 g/cm³）
4 グリセリン（1.26 g/cm³）
5 水銀（13.6 g/cm³）

【題意】 この問題は物性の分類に属する。昨年（平成 20 年）は熱膨張に関する浮力の問題であったが今回はそれよりはやさしい。

【解説】 単結晶シリコンの体積 V は

$$V = \frac{m_s}{\rho_s} = \frac{1\,000}{2.33} \fallingdotseq 429.2 \text{ cm}^2 \tag{1}$$

となる。

求める液体の密度を ρ g/cm^3 とすると，設問の条件ならびに式 (1) より

$$1\,000 - 429.2\rho = 661 \text{ g}$$

となり

$$\rho = \frac{339}{429.2} \fallingdotseq 0.79 \text{ g/cm}^3$$

を得る。

つまり，液体は，密度が一番近いエチルアルコールとなる。

したがって，正解は **1** である。

[正 解] 1

[問] 23

次の図は水の状態図（相図）を模式的に示している。(A)，(B)，(C) の各領域の状態を正しく表している組合せを，次の中から一つ選べ。

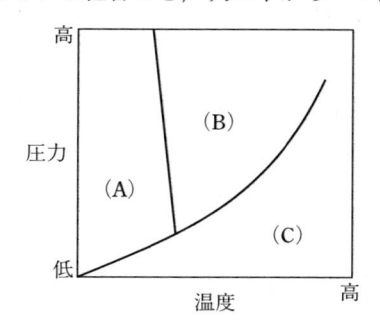

	(A)	(B)	(C)
1	水	氷	水蒸気
2	氷	水	水蒸気
3	水	水蒸気	氷
4	氷	水蒸気	水
5	水蒸気	水	氷

[題 意] 物性に分類される問題である。一昨年（平成 19 年）から，結晶構造を問

う問題が出題されているが，この問題も物質の3相に関する問題であり，化学的な構造を問う問題の一種である。今後もこのような出題が続くものと考えられる。

[解説] 温度が低く，圧力が低から高となっている（A）相は固体（氷）であり，温度ならびに圧力が高い（B）相は液体であり，圧力が低く，温度が低から高となっている（C）相は気体（水蒸気）である。

したがって，正解は**2**である。

[正解] 2

---- **[問] 24** ----

国際単位系SIの基本単位に関する次の記述の中から誤っているものを一つ選べ。

1　メートルは，一定時間に光が真空中を伝わる行程の長さにより定義されている。

2　キログラムは，質量の単位であって，単位の大きさは国際キログラム原器の質量に等しい。

3　秒は，セシウム133原子の基底状態の超微細構造準位間の遷移に対応する放射の周期により定義されている。

4　モルは，0.028 kgのシリコン28の中に存在する原子の数に等しい数の要素粒子を含む系の物質量で定義されている。

5　熱力学温度の単位，ケルビンは，水の三重点の熱力学温度の$\frac{1}{273.16}$である。

[題意] 単位の定義に関する問題である。物理でよく使用される単位自体に関する問題も，例年出題されるので，整理して，きちんと覚えておく必要がある。

[解説] **1**について，長さの単位であるメートルは光の行程の長さにより定義されているので正しい。

2について，質量の単位であるキログラムはキログラム原器で定義されているので正しい。

3について，時間の単位である秒は原子の遷移に対応する放射の周期に基づいて定

義されているので正しい。

4について，物質量の単位であるモルは 0.012 kg の炭素 (C)12 の中に存在する原子の量に基づき定義されており，シリコン 28 ではないので誤り。

5について，熱力学的温度の単位であるケルビンは水の三重点の熱力学温度の 1/273.16 で定義されているので正しい。

したがって，正解は **4** である。

〔正 解〕 4

問 25

次の文章の（A）～（C）を埋める式の組合せとして，正しいものを一つ選べ。

図に示すように x 方向に定常的に流れるジェット（噴流）が曲面板に当たり，形を変えずに xy 平面上で角度が θ だけ変化して飛び去る場合を考える。ジェットを形成する流体は非圧縮とし，粘性と重力の影響を無視して大気圧 p_0 は全範囲で一定とすると，この曲面板が x 方向に受ける力 F を，次のように求めることができる。

すなわち，ジェットが安定した位置に表面を持つ検査体積を考えると，単位時間当りに検査体積が流入する x 方向の運動量は (A) ，流出する x 方向の運動量は (B) であるから，この曲面板が受ける x 方向の力は (C) となる。ここで，ρ は流体の密度，u はジェットの流速，S はジェットの断面積である。

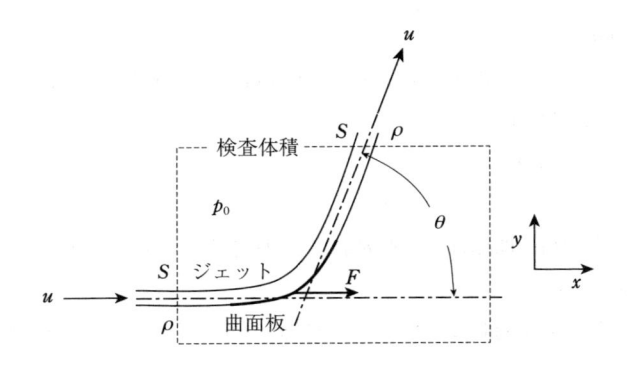

	(A)	(B)	(C)
1	$\rho S u$	$\rho S \cos\theta$	$\rho S u (1-\cos\theta)$
2	$\rho S u^2$	$\rho S u^2 \cos\theta$	$\rho S u^2 (1-\cos\theta)$
3	$\rho S u^2$	$\rho S u^2 \cot\theta$	$\rho S u^2 (1-\cot\theta)$
4	$\dfrac{\rho S u^2}{2}$	$\dfrac{\rho u^2 \cos\theta}{2}$	$\dfrac{\rho u^2 (1-\cos\theta)}{2}$
5	$\dfrac{\rho S u^2}{2}$	$\dfrac{\rho S u^2 \cot\theta}{2}$	$\dfrac{\rho S u^2}{2}(1-\cot\theta)$

[題意] 流体力学に分類されるが，力学的知識も不可欠な複合問題である．なお，この分野の問題は出題パターンがバラエティーに富んでいるので，カバーするのは大変である．過去，流体力学の基本であるベルヌーイの式（エネルギー方程式）と連続の式（質量保存の法則）に関する問題が出題された．公式の意味をきちんと覚えていれば解ける問題であるが，高校の物理学では習わない範囲である．この分野では，これ以外に圧力に関する問題もたまに出題される．単位時間当りで考えていることに気が付けば解ける．

[解説] 運動量は，質量 m と速度 v の積（質量 × 速度，つまり mv）である．一般的に，流体を取り扱った場合には，単位時間当りで考えるので，質量 m は，流体の密度を ρ，ジェットの流速を u およびジェットの断面積を S とすると

$$m = \rho S u \tag{1}$$

となる．

曲面板に流入するジェットは x 方向のみであるので，その運動量 mv_i は，式 (1) より

$$mv_i = \rho S u^2 \tag{2}$$

となる．また，曲面板に流出するジェットは x 方向成分は $\cos\theta$ 分であるので，その運動量 mv_o は，式 (1) より

$$mv_o = \rho S u^2 \cos\theta \tag{3}$$

となる．

また，運動量と力積の関係は，力を F および力が作用した時間を t とすると

$$Ft = mv_i - mv_o \tag{4}$$

と表されるが，先にも説明したとおり，単位時間で考えているので，式 (4) は

$$F = mv_i - mv_o \tag{5}$$

となり，この式 (5) に式 (2) および式 (3) を代入すると

$$F = \rho S u^2 - \rho S u^2 \cos\theta = \rho S u^2 (1-\cos\theta)$$

を得る。

以上より，空欄はそれぞれ

(A)：$\rho S u^2$

(B)：$\rho S u^2 \cos\theta$

(C)：$\rho S u^2 (1 - \cos\theta)$

となる。

したがって，正解は **2** である

(参考) 流体力学は，単位時間当りで取り扱う（つまり流速）ことが多いので，この点に注意していれば，選ぶべき選択肢の範囲が狭くなる。

[正 解] 2

1.2 第60回（平成22年3月実施）

---- 問 1 ----

複素数 $\omega = e^{i\frac{2\pi}{n}}$ は，1 の n 乗根の一つである。$\sum_{k=0}^{n-1} \omega^k$ の値として，正しいものを次の中から一つ選べ。ただし，i は虚数単位，n は自然数で $n > 1$ とし，$\omega^0 = 1$ である。

1 　0
2 　$\dfrac{1}{2}$
3 　1
4 　$\dfrac{n}{2}$
5 　n

【題 意】　複素数分野に属する問題で，ここ3年間連続して出題されている。一番簡単な方法で解いた場合は，因数分解を用いるだけですむ。それ以外にド・モアブルの定理を用いる解き方があるが，かなり難しくなってしまう。いずれにしろ，このような問題が問1にあると大半の受験生は慌ててしまうと思う。そのような場合は飛ばして，できそうな問題から解く。ただし，1のべき乗根について知っていれば解ける。

複素数は抽象的な概念であるが，基礎的な部分さえ理解できていれば解ける。なお，この分野からは，複素平面（ガウス平面とも呼ぶ）に関する問題や共役複素数に関する問題も出題された実績がある。

【解 説】　設問より

$$\omega = e^{i\frac{2\pi}{n}}$$

は，1 の n 乗根の一つとあるので，ω を x に置き換えて考えると

$$x^n - 1 = 0 \tag{1}$$

の根ということになり，これを因数分解すると

$$(x-1)(x^{n-1} + x^{n-2} + \cdots + x + 1) = 0 \tag{2}$$

を得る。

$n = 1$ のとき，式 (1) は $x = 1$ であるが，$n > 1$ なので，式 (2) の左辺の右の項の値がゼロということになる。つまり

$$x^{n-1} + x^{n-2} + \cdots + x + 1 = 0 \tag{3}$$

であり

$$x = \omega = e^{i\frac{2\pi}{n}} = \exp\left(i\frac{2\pi}{n}\right) \tag{4}$$

とし，式 (3) に式 (4) を代入すると

$$\omega^{n-1} + \omega^{n-2} + \cdots + \omega + 1 = 0$$

となり，まとめると

$$\omega^{n-1} + \omega^{n-2} + \cdots + \omega + 1 = \sum_{k=0}^{n-1} \omega^k = 0$$

となる．

したがって，正解は，**1** である．

(別解 1) さらに，この問題は，実際に数値を代入して解くことができる．つまり，具体的に n へ数値を入れて計算する ($n = 1, 2, \cdots$) ことである．

設問の複素数を，オイラーの定理を用いて表すと

$$\omega = e^{i\frac{2\pi}{n}} = \cos\left(\frac{2\pi}{n}\right) + i\sin\left(\frac{2\pi}{n}\right) \tag{5}$$

となる．この式 (5) を設問の式

$$\sum_{k=0}^{n-1} \omega^k \tag{6}$$

に代入すると

$$\sum_{k=0}^{n-1} \omega^k = \sum_{k=0}^{n-1} \left\{\cos\left(\frac{2\pi}{n}\right) + i\sin\left(\frac{2\pi}{n}\right)\right\}^k \tag{7}$$

を得る．

式 (6) について，1 の n 乗根の一つを ω_n とすると

$$\begin{aligned}\sum_{k=0}^{n-1} \omega_n^k &= \omega_n^0 + \omega_n^1 + \omega_n^2 + \cdots + \omega_n^{n-2} + \omega_n^{n-1} \\ &= \omega_0 + \omega_1 + \omega_2 + \cdots + \omega_{n-1}\end{aligned} \tag{8}$$

と表すことができる．

ところで，ド・モアブルの定理は

$$(\cos\theta + i\sin\theta)^n = \cos n\theta + i\sin n\theta$$

であるので，このド・モアブルの定理を式 (7) に適用すると

$$\sum_{k=0}^{n-1}\left\{\cos\left(\frac{2\pi}{n}\right) + i\sin\left(\frac{2\pi}{n}\right)\right\}^k = \sum_{k=0}^{n-1}\left\{\cos\left(\frac{2\pi k}{n}\right) + i\sin\left(\frac{2\pi k}{n}\right)\right\} \tag{9}$$

となる．そこで，式 (9) の右辺について，具体的な数値として，$n = 1, 2, \cdots$ を代入すると，つぎのようになる．

$n = 2$ の場合，式 (9) より

$$\sum_{k=0}^{2-1}\left\{\cos\left(\frac{2\pi k}{2}\right) + i\sin\left(\frac{2\pi k}{2}\right)\right\}$$
$$= \left\{\cos\left(\frac{2\pi \times 0}{2}\right) + i\sin\left(\frac{2\pi \times 0}{2}\right)\right\} + \left\{\cos\left(\frac{2\pi \times 1}{2}\right) + i\sin\left(\frac{2\pi \times 1}{2}\right)\right\}$$
$$= \cos 0 + i\sin 0 + \cos \pi + i\sin \pi = 1 + 0 - 1 + 0 = 0$$

$n = 3$ の場合，式 (9) より

$$\sum_{k=0}^{3-1}\left\{\cos\left(\frac{2\pi k}{3}\right) + i\sin\left(\frac{2\pi k}{3}\right)\right\}$$
$$= \left\{\cos\left(\frac{2\pi \times 0}{3}\right) + i\sin\left(\frac{2\pi \times 0}{3}\right)\right\} + \left\{\cos\left(\frac{2\pi \times 1}{3}\right) + i\sin\left(\frac{2\pi \times 1}{3}\right)\right\}$$
$$+ \left\{\cos\left(\frac{2\pi \times 2}{3}\right) + i\sin\left(\frac{2\pi \times 2}{3}\right)\right\}$$
$$= \cos 0 + i\sin 0 + \cos\left(\frac{2\pi}{3}\right) + i\sin\left(\frac{2\pi}{3}\right) + \cos\left(\frac{4\pi}{3}\right) + i\sin\left(\frac{4\pi}{3}\right)$$
$$= 1 + 0 - \frac{1}{2} + i\frac{\sqrt{3}}{2} - \frac{1}{2} - i\frac{\sqrt{3}}{2} = 0$$

となる．これ以降も同様に考えられるので

$$\sum_{k=0}^{n-1} \omega^k = 0$$

となる．

(別解 2) 題意の条件を複素平面上にプロットすることで，図形的に解く方法もある．

別解 1 で誘導した式 (9) を，さらに展開すると

$$\sum_{k=0}^{n-1}\left\{\cos\left(\frac{2\pi k}{n}\right) + i\sin\left(\frac{2\pi k}{n}\right)\right\}$$
$$= \left\{\cos\left(\frac{2\pi \times 0}{n}\right) + i\sin\left(\frac{2\pi \times 0}{n}\right)\right\} + \left\{\cos\left(\frac{2\pi \times 1}{n}\right) + i\sin\left(\frac{2\pi \times 1}{n}\right)\right\}$$
$$+ \left\{\cos\left(\frac{2\pi \times 2}{n}\right) + i\sin\left(\frac{2\pi \times 2}{n}\right)\right\} + \cdots$$
$$+ \left\{\cos\left(\frac{2\pi \times (n-1)}{n}\right) + i\sin\left(\frac{2\pi \times (n-1)}{n}\right)\right\} \qquad (10)$$

であり，式 (8) および式 (10) より，1 の n 乗根は複素平面上では図のようになる．

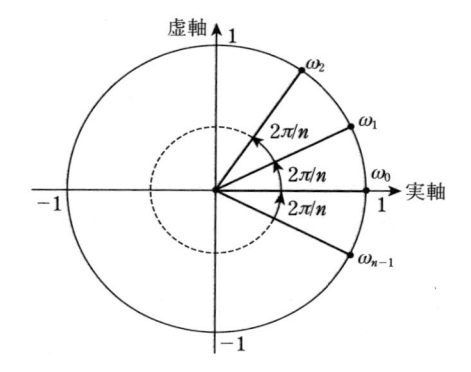

図　複素平面上での1のn乗根

つまり，これらの根は複素平面上で，原点を中心とする単位円の円周をn等分するn個の点であり，これらの点を結ぶと単位円に内接する正n角形となるので，式（8）および式（10）は

$$\sum_{k=0}^{n-1}\omega^k = \omega_n^0 + \omega_n^1 + \omega_n^2 + \cdots + \omega_n^{n-2} + \omega_n^{n-1}$$
$$= \omega_0 + \omega_1 + \omega_2 + \cdots + \omega_{n-1} = 0$$

となる。

（参考）　自然対数の底e（ネイピア数とも呼ぶ）の指数部は

$$\omega = e^{i\frac{2\pi}{n}} = \exp\left(i\frac{2\pi}{n}\right)$$

と表されることがあるので注意する。これは，単に指数部を大きくして見やすくしたもので，数学的に等価である。通常eは指数と併記されて利用されることが多いため，このような表現もよく利用される。

[正解] 1

[問] 2

三次元直交座標系において，原点を通りベクトル$(1, 1, 1)$に垂直な平面を考える。この平面上にある点を次の中から一つ選べ。

1　$(1, 1, 1)$

2 $(1, 1, -2)$

3 $(2, 1, 3)$

4 $(-1, 0, 2)$

5 $(1, 0, 0)$

[題意] ベクトルの分野からの出題であるが，このような平面の方程式を対象とした問題が出題されたのは初めてである。

従来は，ベクトルの直交条件や内積を求める問題が中心であった。

[解説] ベクトル
$$\vec{n} = (a\ b\ c) \tag{1}$$
に垂直（つまり，法線ベクトル）で，点 $A(x_0, y_0, z_0)$ を通る平面は
$$a \cdot (x - x_0) + b \cdot (y - y_0) + c \cdot (z - z_0) = 0$$
で表せ，さらに，平面の方程式は
$$ax + by + cz + d = 0 \tag{2}$$
と表される。

設問より，原点 $(0, 0, 0)$ を通るとあるので，この条件を式 (2) に代入すると
$$ax + by + cz + d = a \times 0 + b \times 0 + c \times 0 + d = 0$$
となるので
$$d = 0 \tag{3}$$
であり，設問のベクトル $(1, 1, 1)$ を式 (1) に適用すると
$$a = 1,\quad b = 1,\quad c = 1 \tag{4}$$
となるので，式 (2) に式 (3) および式 (4) を代入すると
$$x + y + z = 0 \tag{5}$$
を得る。つぎに，式 (2) に基づき選択肢ごとに検討する。

1 について
$$x + y + z = 1 + 1 + 1 = 3 \neq 0$$
となり，満足しない。

2 について
$$x + y + z = 1 + 1 - 2 = 0$$
となり，満足する。

3 について
$$x + y + z = 2 + 1 + 3 = 6 \neq 0$$
となり，満足しない。

4 について
$$x + y + z = -1 + 0 + 2 = 1 \neq 0$$
となり，満足しない。

5 について
$$x + y + z = 1 + 0 + 0 = 1 \neq 0$$
となり，満足しない。

したがって，正解は，**2** である。

(裏技) この問題は，消去法を用いることによって解くことができる。

問題の平面は，$(1, 1, 1)$ は含まないので，**1** は対象から外れる。また，問題の平面は x 軸とも z 軸とも交わらないので **4** および **5** も対象から外れる。さらに，平面を x 軸，y 軸および z 軸で切ると，その直線は $z = -y$, $z = -x$ および $y = -x$ となり，この条件を満足するのは，**2** のみである。

〔正 解〕 **2**

── 〔問〕 **3** ──

積分 $\int_{-\infty}^{+\infty} e^{-x^2} dx$ は $\sqrt{\pi}$ となる。$\int_{-\infty}^{+\infty} e^{-ax^2} dx$ の値として，正しいものを次の中から一つ選べ。ただし，e は自然対数の底であり，a は実数で $a > 0$ とする。

1　$\sqrt{\dfrac{\pi}{a}}$

2　$\sqrt{a\pi}$

3　$\sqrt{\pi}$

4　$\sqrt{\dfrac{\pi}{2a}}$

5　$\sqrt{\dfrac{2\pi}{a}}$

〔題 意〕 積分に関する問題であるが，従来の傾向とは少し異なっており，簡単に

積分することはできない。置換積分などを用いなくてはならない。なお，ガウス積分の公式そのものなので，覚えていれば瞬間的に解くことができる。

　この分野からは問7のような曲線の長さ，曲線に囲まれた面積および曲線をx軸またはy軸に回転させた場合の体積を求める問題が大半である。したがって，このパターンの公式が身に付いていれば解ける。

[解説]　まず，ガウス積分の公式は

$$\int_{-\infty}^{+\infty} e^{-ax^2} dx = \sqrt{\frac{\pi}{a}} \tag{1}$$

である。式（1）自体が解答であり，**1**である。以下に式の誘導を行う。

　式（1）の左辺の積分値をIとすると

$$I = \int_{-\infty}^{+\infty} e^{-ax^2} dx \tag{2}$$

であり，ここで

$$\sqrt{a}\,x = t \tag{3}$$

とすると，式（2）の指数部は

$$ax^2 = t^2 \tag{4}$$

となるので，式（3）より

$$dx = \frac{1}{\sqrt{a}} dt \tag{5}$$

であるので，式（2）に式（4）および式（5）を代入して，置換積分を行うと

$$I = \int_{-\infty}^{+\infty} e^{-t^2} \frac{1}{\sqrt{a}} dt = \frac{1}{\sqrt{a}} \int_{-\infty}^{+\infty} e^{-t^2} dt \tag{6}$$

となり，この式（6）に，設問の条件である

$$\int_{-\infty}^{+\infty} e^{-x^2} dx = \sqrt{\pi} \tag{7}$$

を代入すると

$$I = \frac{1}{\sqrt{a}} \int_{-\infty}^{+\infty} e^{-t^2} dt = \frac{1}{\sqrt{a}} \sqrt{\pi} = \sqrt{\frac{\pi}{a}} \tag{8}$$

を得る。

　したがって，正解は，**1**である。

（裏技）　上記のような積分はなかなか短時間で行うのは難しいと考えられる。そこで，統計や計量管理概論で重要な正規分布を切り口に考えてみる。

正規分布の確率密度関数 $f(x)$ は

$$f(x) = \frac{1}{\sqrt{2\pi}\,\sigma} e^{-\frac{(x-\mu)^2}{2\sigma^2}} = \frac{1}{\sqrt{2\pi}\,\sigma} \exp\left(-\frac{(x-\mu)^2}{2\sigma^2}\right) \tag{9}$$

と表される。ここで，σ は標準偏差，μ は平均である。標準正規分布に式（9）を適用すると，その確率密度関数 $f(x)$ は

$$f(x) = \frac{1}{\sqrt{2\pi}} e^{-\frac{x^2}{2}} = \frac{1}{\sqrt{2\pi}} \exp\left(-\frac{x^2}{2}\right) \tag{10}$$

を得る。ちなみに，標準正規分布では，標準偏差 $\sigma = 1$，平均 $\mu = 0$ としている。

さらに，標準正規分布の確率密度関数 $f(x)$ を，$-\infty$ から ∞ まで積分したものは 1 であるので，式（10）を積分すると

$$\int_{-\infty}^{+\infty} f(x)\,dx = \int_{-\infty}^{+\infty} \frac{1}{\sqrt{2\pi}} e^{-\frac{x^2}{2}} dx = 1 \tag{11}$$

となり，式（11）を変形すると

$$\int_{-\infty}^{+\infty} e^{-\frac{x}{2}}\,dx = \sqrt{2\pi} \tag{12}$$

を得る。この関係を利用して，選択肢を選ぶことができる。この場合も選択肢は **1** となる。

正規分布は，非常に重要な項目であり，この科目や計量管理概論でもよく出題されるので，数学的な意味や公式は覚えておく必要がある。

【正解】 **1**

【問】 **4**

$x = 0.01$ における $\dfrac{1 + \sin 3x}{1 - \sin 2x}$ の値に最も近い数値を，次の中から一つ選べ。

1 1.01
2 1.02
3 1.03
4 1.04
5 1.05

【題意】 微分に属する問題であり，どちらかといえば応用問題であるので，苦手

意識があれば深追いは禁物である。ここ数年，単純な問題ではなく，少しひねった出題がされている。ただし，出てくる関数はかなり限定されているので，その部分はきちんと押さえておくこと。

　この分野では，マクローリン級数を用いた近似式の問題がよく出題されていたが，最近はその頻度がかなり低くなっている。これまでの出題実績から，この問題もマクローリン級数で解かないと求められないと考えてしまうかもしれないが，もっと簡単に解ける。

【解説】 設問より，$x = 0.01$ とあり，$x \ll 1$ とみなせるので
$$\sin x = x, \quad \sin 2x = 2x, \quad \sin 3x = 3x$$
である。

　これらの式を設問の式に代入すると
$$\frac{1 + \sin 3x}{1 - \sin 2x} \fallingdotseq \frac{1 + 3x}{1 - 2x} \tag{1}$$
となる。

　また，$x \ll 1$ の条件より
$$\frac{1}{1 - x} \fallingdotseq 1 + x \tag{2}$$
と近似できるので，式 (1) に式 (2) を適用すると
$$\frac{1 + 3x}{1 - 2x} \fallingdotseq (1 + 3x)(1 + 2x) = 1 + 5x + 6x^2 \tag{3}$$
となる。

　さらに，式 (3) は設問の条件 $x \ll 1$ より
$$1 + 5x + 6x^2 \fallingdotseq 1 + 5x \tag{4}$$

式 (4) に設問の条件 $x = 0.01$ を代入すると
$$1 + 5x = 1 + 5 \times 0.01 = 1.05$$
となる。

　したがって，正解は，**5** である。

（別解）　なお，式 (5) に設問の条件 $x = 0.01$ を直接代入して
$$\frac{1 + \sin 3x}{1 - \sin 2x} \fallingdotseq \frac{1 + 3x}{1 - 2x} = \frac{1 + 3 \times 0.01}{1 - 2 \times 0.01} = \frac{1 + 0.03}{1 - 0.02} = \frac{1.03}{0.98} \fallingdotseq 1.05 \tag{10}$$
と求めることもできる。また，式 (3) に設問の条件 $x = 0.01$ を代入して

$$1 + 5x + 6x^2 = 1 + 5 \times 0.01 + 6 \times 0.01^2 ≒ 1.05$$

となる。

[正 解] 5

[問] 5

16進数 CAB2 から 16進数 BCA4 を減じ，その答えを 10 進法で表した。その結果として正しいものを，次の中から一つ選べ。ただし，16 進数の A 〜 F は 10 進数の 10 〜 15 を表す。

1　3 498
2　3 548
3　3 598
4　3 648
5　3 698

[題 意] 代数に関する基本的な問題あり，ぜひとも正解したい問題である。特に，今回のように傾向が大幅に変わった場合は落とすと合格自体危うくなる。2 進数－10 進数－16 進数の計算は非常に出題頻度が高く，難易度も低いので数をこなして，正解できるようにしておくこと。スピードも要求される。

代数分野からは，これ以外にも 2 次方程式などがよく出題される。

[解 説] 二つの 16 進数 CAB2 および BCA4 を順に 10 進数に変換すると，A → 10，B → 11，C → 12，D → 13，E → 14 および F → 15 より

$$(CAB2)_{16} = 12 \times 16^3 + 10 \times 16^2 + 11 \times 16^1 + 2 \times 16^0$$
$$= 49\,152 + 2\,560 + 176 + 2 = 51\,890 \quad (1)$$

$$(BCA4)_{16} = 11 \times 16^3 + 12 \times 16^2 + 10 \times 16^1 + 4 \times 16^0$$
$$= 45\,056 + 3\,072 + 160 + 4 = 48\,292 \quad (2)$$

であるので，この二つの値の差は，式（1）および式（2）より

$$51\,890 - 48\,292 = 3\,598 \quad (3)$$

となる。

したがって，正解は，**3** である。

46   1. 計量に関する基礎知識

（別解）
以下のように同じ桁どうしで計算すると短時間で解を求めることができる。

$$12 \times 16^3 + 10 \times 16^2 + 11 \times 16^1 + 2 \times 16^0$$
$$-)\ \underline{11 \times 16^3 + 12 \times 16^2 + 10 \times 16^1 + 4 \times 16^0}$$
$$14 \times 16^2 +\ 0 \times 16^1 + 14 \times 16^0$$

となるので，$14 \times 16^2 + 14 = 3\,584 + 14 = 3\,598$ である。

[正 解] 3

------ [問] 6 ------

直径が1の円に内接する正五角形について，その面積を表す式として，正しいものを次の中から一つ選べ。

1　$\dfrac{5}{8}\cos\dfrac{2\pi}{5}$

2　$\dfrac{5}{8}\sin\dfrac{2\pi}{5}$

3　$\dfrac{5}{4}\tan\dfrac{3\pi}{10}$

4　$\dfrac{5}{8}\cos\dfrac{3\pi}{10}$

5　$\dfrac{5}{4}\sin\dfrac{3\pi}{10}$

[題 意]　この問題は幾何学分野に属する問題であり，比較的出題頻度の高い内接多角形の面積を求める問題である。

幾何学分野の問題では，三角形の内接円や外接円に関する問題も，出題頻度がかなり高い。またこれ以外にも，辺の比が3：4：5の直角三角形に関する問題もよく出題されるので，注意が必要である。

[解 説]　円に内接する正五角形を図のように円の中心を頂角とした二等辺三角形の組合せとして考え，以下のようにして面積を求める。

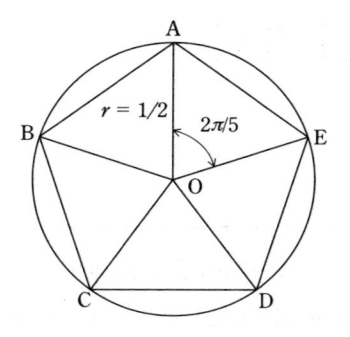

図　円に内接する正五角形

辺の長さが a および b，この 2 辺に挟まれた角を θ とすると，その三角形の面積 S' は

$$S' = \frac{ab}{2} \sin \theta \tag{1}$$

で表される。

二等辺三角形 AOB の $\angle$AOB は，図より $2\pi/5$ であり，二等辺三角形 AOB の面積 S_t は，式 (1) および設問の条件より

$$S_t = \frac{r^2}{2} \sin\left(\frac{2\pi}{5}\right) = \frac{1}{2}\left(\frac{1}{2}\right)^2 \sin\left(\frac{2\pi}{5}\right) = \frac{1}{8} \sin\left(\frac{2\pi}{5}\right) \tag{2}$$

となる。

正五角形の面積 S は，先に求めた二等辺三角形の面積 S_t の 5 倍となるので，式 (2) より

$$S = 5S_t = 5 \times \frac{1}{8} \sin\left(\frac{2\pi}{5}\right) = \frac{5}{8} \sin \frac{2\pi}{5}$$

が得られる。

したがって，正解は，**2** である。

（裏技）　半径 r の円に内接する正 n 角形の面積 S は

$$S = \left(\frac{1}{2} r^2 \sin \frac{2\pi}{n}\right) \times n = \frac{nr^2}{2} \sin \frac{2\pi}{n} = \frac{nd^2}{8} \sin \frac{2\pi}{n} \tag{3}$$

である。ここで，d は円の直径である。ちなみに $n \to \infty$ とすると円になるが，その場合，円の面積を S_c とすると式 (3) より

$$S_c = \lim_{n \to \infty}\left(\frac{nr^2}{2}\sin\frac{2\pi}{n}\right) = \frac{nr^2}{2} \cdot \frac{2\pi}{n} = \pi r^2$$

となる。

【正解】 2

----- 問 7 -----

関数 $y = |x|$ および $y = x^2$ を y 軸のまわりに回転させて二つの回転面を作った。図のように，それぞれの回転面と平面 $y = h$ が囲む二つの空間の体積 V が互いに等しいとき，h はいくらになるか。次の中から正しい値を一つ選べ。ただし，$h > 0$ とする。

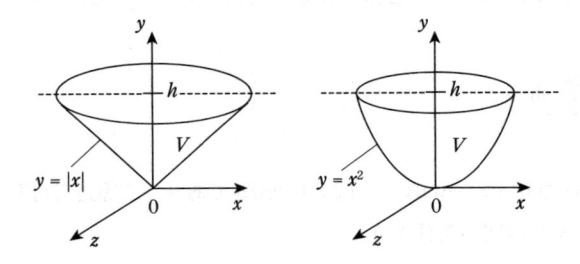

1 1

2 $\dfrac{5}{4}$

3 $\dfrac{4}{3}$

4 $\dfrac{3}{2}$

5 2

【題意】 積分に関する問題であり，頻繁に出題される。出題は，放物線を回転した場合の回転体の体積であり，使う公式も限られている。

【解説】 曲線 $x = g(y)$ （$\alpha \leq y \leq \beta$）を y 軸まわりに回転してできる立体の体積 V は

$$V = \pi\int_\alpha^\beta x^2\,dy = \pi\int_\alpha^\beta \{g(y)\}^2\,dy$$

となる。

関数 $y=|x|$ について，高さ h までの回転体の体積 V_1 は

$$V_1 = \pi \int_0^h |x|^2 \, dy = \pi \int_0^h y^2 \, dy = \pi \left[\frac{1}{3} y^3 \right]_0^h = \frac{\pi}{3} h^3 \tag{1}$$

を得る。

また，関数 $y = x^2$ について，高さ h までの回転体の体積 V_2 は

$$x = \sqrt{y}$$

を代入すると

$$V_2 = \pi \int_0^h x^2 \, dy = \pi \int_0^h (\sqrt{y})^2 \, dy = \pi \int_0^h y \, dy = \pi \left[\frac{1}{2} y^2 \right]_0^h = \frac{\pi}{2} h^2 \tag{2}$$

となる。

設問より，両回転体の体積が等しいとあるので

$$V_1 = V_2 \tag{3}$$

であり，式 (3) に式 (1) および式 (2) を代入すると

$$\frac{\pi}{3} h^3 = \frac{\pi}{2} h^2$$

$$h = \frac{3}{2}$$

である。

したがって，正解は，**4** である。

（裏技）設問にある二つ回転体のうち，左図に示してあるものは円錐であるので，その体積 V_1 は，底辺の半径を r，高さを h とすると

$$V_1 = \frac{1}{3} \pi r^2 h \tag{4}$$

である。また，回転体の体積を求める問題で出題実績のあるものは原点を通る放物線のみであり，これを公式化すると，高さ h での体積 V_2 は，式 (2) より

$$V_2 = \frac{1}{2} \pi h^2 \tag{5}$$

となるので，式 (4) および式 (5) より求めることができる。

今後も，同様な形で出題される可能性があるので，式 (5) は公式化して覚えておくと，短時間で問題が解ける。

（参考）関数 $y = ax^2$ を y 軸まわりに回転させた回転体の体積 V は，高さを h とすると

$$V = \frac{\pi h^2}{2a}$$

である。

[正解] 4

[問] 8

三つの行列 $\mathbf{A} = \begin{bmatrix} 2 & a \\ -3 & b \end{bmatrix}$, $\mathbf{E} = \begin{bmatrix} 1 & 0 \\ 0 & 1 \end{bmatrix}$, および $\mathbf{O} = \begin{bmatrix} 0 & 0 \\ 0 & 0 \end{bmatrix}$ に関し, $\mathbf{A}^2 - \mathbf{A} + \mathbf{E} = \mathbf{O}$ 関係が成り立つ a と b の値として, 正しい組合せを次の中から一つ選べ。

1 $a = -1$, $b = -1$
2 $a = -1$, $b = 1$
3 $a = 0$, $b = -1$
4 $a = 1$, $b = 0$
5 $a = 1$, $b = -1$

[題意] 行列に関する分野からの出題であるが, 例年と大きく異なり, ケーリー・ハミルトンの定理を用いるものである。ただし, 定理を使わなくても, 計算できるが, 多少時間がかかる。

例年は, 逆行列か, 行列方程式を中心に出題される。なお, 平成18年（第56回）に一度だけ行列の固有値を求める問題が出題された。

[解説] まず, ケーリー・ハミルトンの定理について説明すると, 行列 $\mathbf{A}$ を

$$\mathbf{A} = \begin{bmatrix} t & u \\ v & w \end{bmatrix}$$

とすると, つぎのような関係

$$\mathbf{A}^2 - (t+w)\mathbf{A} + (tw - uv)\mathbf{E} = \mathbf{O} \tag{1}$$

が成り立つ。ここで, 単位行列 $\mathbf{E}$ および零行列 $\mathbf{O}$ は, それぞれ

$$\mathbf{E} = \begin{bmatrix} 1 & 0 \\ 0 & 1 \end{bmatrix}, \mathbf{O} = \begin{bmatrix} 0 & 0 \\ 0 & 0 \end{bmatrix}$$

である。

つぎに, 式 (1) を変形すると

$$\mathbf{A}^2 = (t+w)\,\mathbf{A} - (tw-uv)\,\mathbf{E} \tag{2}$$

となる。

　設問の関係は

$$\mathbf{A}^2 - \mathbf{A} + \mathbf{E} = \mathbf{O} \tag{3}$$

であるので，式 (3) に式 (2) を代入すると

$$(t+w)\,\mathbf{A} - (tw-uv)\,\mathbf{E} - \mathbf{A} + \mathbf{E} = \mathbf{O} \tag{4}$$

となり，さらに，設問の条件

$$\mathbf{A} = \begin{bmatrix} 2 & a \\ -3 & b \end{bmatrix}$$

を式 (4) に適用すると

$$(2+b)\,\mathbf{A} - (2b+3a)\,\mathbf{E} - \mathbf{A} + \mathbf{E} = \mathbf{O}$$
$$(b+1)\,\mathbf{A} - (3a+2b-1)\,\mathbf{E} = \mathbf{O}$$

から，つぎの方程式を導くことができる。

$$b + 1 = 0 \quad \Rightarrow \quad b = -1 \tag{5}$$
$$3a + 2b - 1 = 0 \tag{6}$$

となり，式 (5) を式 (6) に代入すると

$$3a + 2 \times (-1) - 1 = 0 \quad \Rightarrow \quad a = 1$$

を得る。つまり，$a = 1$，$b = -1$ である。

　したがって，正解は，**5** である。

(別解 1)　ケーリー・ハミルトンの定理と題意の条件を比較することによって，解くことができる。

　ケーリー・ハミルトンの定理は式 (1) であり，設問の条件は式 (3) であるので，この両式を比較すると

$$t + w = 1 \;\; \rightarrow \;\; 2 + b = 1 \;\; \Rightarrow \;\; b = -1$$
$$tw - uv = 1 \;\; \rightarrow \;\; 2b - (-3)\,a = 1 \;\; \rightarrow \;\; 3a = 1 - 2b = 3 \;\; \Rightarrow \;\; a = 1$$

となり，$a = 1$，$b = -1$ が得られる。

(別解 2)　とりあえず設問の式 (3) に各行列を代入して求めることができるが，ケーリー・ハミルトンの定理を用いた場合に比べ，かなり時間がかかる。

　設問の条件に基づき，まず，$\mathbf{A}^2$ を計算すると

$$\mathbf{A}^2 = \begin{bmatrix} 2 & a \\ -3 & b \end{bmatrix}^2 = \begin{bmatrix} 4-3a & 2a+ab \\ -6-3b & -3a-b^2 \end{bmatrix} \tag{7}$$

となり，式 (3) に，設問の行列と式 (7) を代入すると

$$\mathbf{A}^2 - \mathbf{A} + \mathbf{E} = \begin{bmatrix} 4-3a & 2a+ab \\ -6-3b & -3a-b^2 \end{bmatrix} - \begin{bmatrix} 2 & a \\ -3 & b \end{bmatrix} + \begin{bmatrix} 1 & 0 \\ 0 & 1 \end{bmatrix} = \begin{bmatrix} 0 & 0 \\ 0 & 0 \end{bmatrix} \tag{8}$$

さらに，式 (8) を整理すると

$$\begin{bmatrix} 3-3a & a+ab \\ -3-3b & -3a-b+b^2+1 \end{bmatrix} = \begin{bmatrix} 0 & 0 \\ 0 & 0 \end{bmatrix} \tag{9}$$

となるので，式 (9) より，つぎの方程式

$$3 - 3a = 0 \Rightarrow a = 1$$
$$-3 - 3b = 0 \Rightarrow b = -1$$

を得る。つまり，$a = 1$，$b = -1$ である。

確認のために $a + ab$ と $-3a - b + b^2 + 1$ も計算すると

$$a + ab = 1 + 1 \times (-1) = 1 - 1 = 0$$
$$-3a - b + b^2 + 1 = -3 \times 1 - (-1) + (-1)^2 + 1$$
$$= -3 + 1 + 1 + 1 = 0$$

となり，合っている。

行列 $\mathbf{A}$ の積が正確に素早く出れば，この解法でも十分である。ただし，そのためには問題を数多く解き込んでおく必要がある。

[正 解] 5

[問] 9

$\sin\theta + \cos\theta = 1$ を満たす θ の値を θ_0 とする。関数 $f(\theta) = \sin^2\theta$ の一次導関数を $f^{(1)}(\theta)$ とすると，$f^{(1)}(\theta_0)$ の値として正しいものを次の中から一つ選べ。

1　$-\pi$
2　-1
3　0
4　1
5　π

〔題 意〕 微分に関する問題であり，この程度であれば従来の出題傾向からは逸脱していないと考えられる．ただし，三角関数の基本的な公式を覚えていないと少し大変である．最近は，三角関数の公式自体を問うような問題は出題されないが，公式を覚えて，使えないと解けないような問題がよく出題されるので，基本的な公式と利用のテクニックは身に付けておくこと．

この分野からは大半が三角関数や指数関数の積の微分に関するものである．したがって，この公式（つまり，三角関数の微分など）を覚えていれば解ける．

〔解 説〕 設問の関数
$$f(\theta) = \sin^2 \theta$$
について一次の導関数を $f^{(1)}(\theta)$ を求めると
$$f^{(1)}(\theta) = 2 \sin \theta \cos \theta \tag{1}$$
となる．

また，設問の条件より
$$\sin \theta_0 + \cos \theta_0 = 1 \tag{2}$$
であるので，式 (2) の両辺を二乗すると
$$(\sin \theta_0 + \cos \theta_0)^2 = 1$$
$$\sin^2 \theta_0 + 2 \sin \theta_0 \cos \theta_0 + \cos^2 \theta_0 = 1$$
$\sin^2 \theta_0 + \cos^2 \theta_0 = 1$ であるから
$$1 + 2 \sin \theta_0 \cos \theta_0 = 1$$
$$2 \sin \theta_0 \cos \theta_0 = 0$$
よって
$$\sin \theta_0 \cos \theta_0 = 0 \tag{3}$$
となる．

以上より，θ_0 での一次導関数 (1) に式 (3) を代入すると
$$f^{(1)}(\theta_0) = 2 \sin \theta_0 \cos \theta_0 = 0$$
となる．

したがって，正解は，**3** である．

〔正 解〕 **3**

問 10

兄が3回，弟が4回，硬貨を投げた．兄と弟が表を出す回数が共に2回である確率はいくらか．正しい値を次の中から一つ選べ．ただし，硬貨の表と裏が出る確率はそれぞれ $\frac{1}{2}$ とする．

1　$\frac{5}{64}$

2　$\frac{3}{32}$

3　$\frac{7}{64}$

4　$\frac{1}{8}$

5　$\frac{9}{64}$

題意　確率・統計に関する基本的な問題であり，最近は，毎年出題されている．特に，この問題と問12の期待値の問題は，特段の知識やテクニックを要しないので必ず正解しなければならない問題である．

解説　設問より，兄は3回，弟が4回，硬貨を投げて，ともに表の出た回数が2回であるためには，兄の場合，表が出る確率も裏が出る確率も1/2なので，2回表の出る確率は

$$\frac{1}{2} \times \frac{1}{2} \times \frac{1}{2} = \left(\frac{1}{2}\right)^3 = \frac{1}{8} \tag{1}$$

となる．なお，式(1)の左辺にある(1/2)の二つは表が出る確率で，残りの一つが裏が出る確率と考える．また，表が2回出るのは1回目と2回目，2回目と3回目および1回目と3回目の3通りであるので，その確率 P_1 は，式(1)より

$$P_1 = \left(\frac{1}{2}\right)^3 \times 3 = \frac{3}{8} \tag{2}$$

であり，弟の場合も同様に考えると，表が2回出るのは，1回目と2回目，1回目と3回目，1回目と4回目，2回目と3回目，2回目と4回目および3回目と4回目の6通りであるので，その確率 P_2 は

$$P_2 = \left(\frac{1}{2}\right)^4 \times 6 = \frac{6}{16} = \frac{3}{8} \tag{3}$$

となる．

以上より，兄と弟がともに表が2回出る確率 P は，式 (2) および式 (3) より

$$P_1 \times P_2 = \frac{3}{8} \times \frac{3}{8} = \frac{9}{64} \tag{4}$$

となる。

したがって，正解は，**5** である。

[正解] 5

[問] 11

確率・統計に関する次の記述の中で，誤っているものを一つ選べ。

1　ヒストグラムは度数分布を表すグラフである。
2　奇数個の観測値を大きさの順に並べたとき，ちょうど中央に当たる値をメディアンと言う。
3　正規分布のことをガウス分布とも言う。
4　標準偏差の平方根は分散である。
5　確率密度関数は常に負でない値を取る。

[題意] 確率・統計の統計に関する基本的な問題である。なお，問われる用語はほぼ決まっているので，きちんと整理して覚えておくこと。

[解説] 選択肢ごとに検討する。

1 について，ヒストグラムは度数分布を表すグラフであり，正しい。

2 について，奇数個の観測値を大きさの順に並べたとき，ちょうど中央に当たる値をメディアンというので，正しい。

3 について，正規分布のことをガウス分布ともいうので，正しい。

4 について，分散の平方根が標準偏差であり，標準偏差の平方根が分散ではないので，誤り。

5 について，確率密度関数はつねに負でない値をとるので，正しい。

したがって，正解は，**4** である。

[正解] 4

問 12

的にボールを当てる確率がそれぞれ 0.2, 0.3, 0.4, 0.5 である 4 人が, 的に向かって順に 1 回ずつボールを投げた. このときの的に当たったボール数の期待値として, 正しい値を次の中から一つ選べ.

1　1.4
2　1.5
3　1.6
4　1.7
5　1.8

[題意] 問 10 と同様に, 確率・統計に関する基本的な問題であり, 正解しなければならない問題である. きちんと漏れなく場合分けをしていけば必ず解ける.

[解説] 確率変数の期待値とは, 確率と確率変数との積の和である.

設問より, 4 人が的にボールを当てる確率はそれぞれ 0.2, 0.3, 0.4, 0.5 となっており, その確率変数は 1 であるので, 求める期待値 E は

$$E = 0.2 \times 1 + 0.3 \times 1 + 0.4 \times 1 + 0.5 \times 1 = 0.2 + 0.3 + 0.4 + 0.5$$
$$= 1.4$$

となる.

したがって, 正解は **1** である.

[正解] 1

問 13

レンズに関する次の記述の中で, 誤っているものを一つ選べ.

1　物体を凸レンズの焦点距離の内側に置いたとき, できる像は虚像である.
2　物体を凸レンズの焦点距離の内側に置いたとき, できる像は正立している.
3　物体を凸レンズの焦点距離の外側に置いたとき, できる像は倒立している.
4　物体を凹レンズの焦点距離の内側に置いたとき, できる像は実像である.

5 物体を凹レンズの焦点距離の外側に置いたとき，できる像は虚像である。

[題意] 光と光波に関する基本的な問題であり，ここ数年毎回出題されている。正誤問題が中心であるが，たまに，計算問題も出題されるので，レンズの公式などの基本的な公式は，確実に覚えておく必要がある。凹レンズ，凸レンズの特徴は，実際に図を描いて，確認しておくと頭に入りやすい。正確に覚えていれば，すぐ正解が見つけ出せる。

なお，正誤問題では，光の回折，干渉や散乱あるいはレンズを通した像の性質（虚像や正逆）などから出題される。

[解説] 選択肢ごとに検討する。

1について，物体を凸レンズの焦点距離の内側に置いたとき，できる像は（正立）虚像であるので，正しい。

2について，物体を凸レンズの焦点距離の内側に置いたとき，できる像は正立（虚像）しているので，正しい。

3について，物体を凸レンズの焦点距離の外側に置いたとき，できる像は倒立しているので，正しい。

4について，物体を凹レンズの焦点距離の内側に置いたとき，できる像は（正立）虚像であり，実像ではないので，誤り。

5について，物体を凹レンズの焦点距離の外側に置いたとき，できる像は（正立）虚像であるので，正しい。つまり，凹レンズの場合物体の位置にかかわらずつねに正立虚像である。

したがって，正解は，**4**である。

[正解] 4

[問] 14

光波と音波に関する次の記述の中で，誤っているものを一つ選べ。

1 波の速さは波長と振動数の積に等しい。

2 音波は固定中より空気中で早く進む。

3 光波は真空中で最も早く進む。

4 波の周期は振動数の逆数である。

58   1. 計量に関する基礎知識

5 空気中の音波は縦波であるが，光波は横波である。

〔題意〕 光波・音波に関する基本的な問題であり，出題パターンも，今回のように，正誤問題が大半である。基本的な公式はよく覚えておくこと。ワンパターンなので，正解できないとかなり苦しくなる。

　出題される内容としては，音速の温度依存性，各種媒体を通過する場合の音速や光速の比較，ドップラー効果，干渉や回折などが大半である。

〔解説〕 選択肢ごとに検討する。

1 について，波の速さを v，振動数を f，波長を λ とすると

$$v = f \cdot \lambda$$

であり，波の速さは波長と振動数の積に等しいので，正しい。

2 について，音波は空気中よりも固体中で速く進むので，誤り。

3 について，光波は真空中で最も速く進むので，正しい。

4 について，波の振動数を f，周期を T とすると

$$T = \frac{1}{f}$$

であり，波の周期は振動数の逆数であり，正しい。

5 について，空気中の音波は縦波（つまり，疎密波）であるが，光波は横波であるので，正しい。音が聞こえるのは，この疎密波によって，鼓膜が振動するためである。この点を覚えていれば正解できる。

したがって，正解は，**2** である。

〔正解〕 2

問 15

　金属に光を照射したときに金属から電子が飛び出してくる現象を，光電効果と言う。この光電効果に関する次の記述の中で，正しいものを一つ選べ。

1 飛び出す電子の数は照射する光の強度に比例しない。

2 飛び出す電子の運動エネルギーの最大値は，照射する光の強度に比例する。

3 飛び出す電子の運動エネルギーの最大値を E，照射する光の振動数を f，

プランク定数を h とすると，$E = hf$ の関係が成り立つ．

4 飛び出す電子のエネルギーの最大値は，光を照射する金属の種類によらない．

5 光電効果がおこる限界波長が存在し，それより長い波長の光を照射しても電子は飛び出さない．

[題 意] 光電効果に関する問題で，分野としては量子論・原子論である．この分野は大半が正誤問題なので，定量的というよりは定性的に覚えておいても十分対応できるが，計算問題もたまに出題される．なお，この分野からは放射線や半減期（問 16）などの問題もよく出題される．

なお，今回は出題されなかったが，崩壊（α 崩壊，β 崩壊および γ 崩壊）は非常によく出題されるので，表にして，その特徴を比較しながら覚えておくこと．

	α 線	β 線	γ 線
本体	He の原子核	電子	電磁波
質量	$4m_p$	$m_p/1\,840$	0
電荷	$+2e$	$-e$	0
透過力	小	中	大
電離作用	大	中	小
電場偏り	負極	正極	偏らない
磁場偏り	電流と同じ	逆向き	偏らない
崩壊	α 崩壊	β 崩壊	γ 崩壊
A：質量数	$A-4$	A 不変	A 不変
Z：原子番号	$Z-2$	$Z+1$	Z 不変

[解 説] 選択肢ごとに検討する．

1 について，金属から飛び出す電子の数は照射する光の強度に比例するので，比例しないというのは誤り．

2 について，金属から飛び出す電子の運動エネルギーの最大値は，照射する光の強度には影響されないので，比例するというのは誤り．なお，運動エネルギーの最大値は振動数に関係する．

3 について，金属から飛び出す電子の運動エネルギーの最大値を E，照射する光の

振動数を f, プランク定数を h とすると

$$E = hf + b \tag{1}$$

の関係が成り立つ。**3** のような関係ではないので，誤り。ここで，b は金属中の電子の結合エネルギーを表す定数であり，金属の種類に依存する。

4 について，金属から飛び出す電子のエネルギーの最大値は，式 (1) より，光を照射する金属に依存するので，誤り。

5 について，光電効果が起こる限界波長が存在し，それより長い波長の（エネルギーが小さい）光を照射しても電子は飛び出さないので，正しい。

したがって，正解は，**5** である。

〔正 解〕 **5**

---- 問 16 ----

ある放射性原子核の崩壊を考える。その半減期を N 日とすると，$4N$ 日後の未崩壊の残存原子核数は，最初にあった原子核数の何倍になっているか。次の中から正しい値を一つ選べ。

1 $\dfrac{1}{2}$

2 $\dfrac{1}{4}$

3 $\dfrac{1}{8}$

4 $\dfrac{1}{16}$

5 $\dfrac{1}{32}$

〔題 意〕 半減期に関する計算問題はたまに出題される。このように，単独で出題される以外に，正誤問題の選択肢としても出題されるので，簡単に計算できるようにしておくこと。

場合によっては，残存した同位体の数ではなく，崩壊した同位体の数から残存した数を求めるような問題もあるので，注意する必要がある。

〔解 説〕 半減期が T の同位体において，最初にあった同位体の数を n_0 とすると，

t 時間経過した後の残存同位体の数 n は

$$n = n_0\left(\frac{1}{2}\right)^{\frac{t}{T}} \tag{1}$$

と表すことができるので，式（1）に設問の条件を代入すると

$$\frac{n}{n_0} = \left(\frac{1}{2}\right)^{\frac{4N}{N}} = \left(\frac{1}{2}\right)^4 = \frac{1}{16}$$

となる。

したがって，正解は，**4** である。

〔正 解〕 4

問 17

図のように，1Ωと2Ωの二つの電気抵抗を並列に接続し，これに6Vの直流電源を接続して電流計で電流を測定した。このとき，電流計の指示値に最も近い値を次の中から一つ選べ。

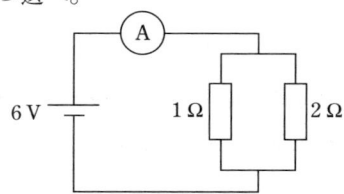

1　3 A
2　6 A
3　9 A
4　12 A
5　15 A

〔題 意〕 電磁気学の分野に関する問題で，基礎的な内容に関する出題である。この程度の簡単な問題はぜひとも正解したい。

この分野では，直列・並列回路の抵抗やコンデンサーの合成，電気振動回路，一様電場・磁場中の荷電粒子の運動などもよく出題されるので，解けるようにしておくこと。また，ホイートストンブリッジ回路は，「計質」の電気抵抗線式はかりのひずみゲージなどの問題でも出題されるので，よく構造や特徴を理解しておいて欲しい。な

お，オームの法則と直列・並列接続の場合の抵抗の合成がわかれば解ける。

[解説] 並列接続された電気抵抗の合成抵抗 R は，それぞれの抵抗を r_1, r_2 とすると

$$\frac{1}{R} = \frac{1}{r_1} + \frac{1}{r_2}$$

$$R = \frac{r_1 r_2}{r_1 + r_2} \tag{1}$$

となる。設問の条件を式(1)に代入すると

$$R = \frac{r_1 r_2}{r_1 + r_2} = \frac{1 \times 2}{1 + 2} = \frac{2}{3} \tag{2}$$

となるので，オームの法則より，電圧を V，電流を I とすると，設問の条件と式(2)より

$$I = \frac{V}{R} = \frac{6}{\frac{2}{3}} = 9$$

を得る。

したがって，正解は，**3** である。

(参考) 直流回路の抵抗の合成は，並列接続が主流と思うが，念のために，直列接続の式も示しておく。各抵抗の抵抗値を r_1, r_2 とすると，合成抵抗 R は

$$R = r_1 + r_2$$

である。なお，これ以外にもコンデンサーの接続やばねの接続もあるので整理して，覚えておく必要がある。特に，ばねの合成はよく出題される。

[正解] 3

[問] 18

図のように，平行平板コンデンサーに一定の起電力を持つ電池を接続し，電流が流れなくなるまで待った。このときコンデンサーに蓄えられる電気量 Q と極板間隔 d の関係を，最も適切に表しているグラフを次の中から一つ選べ。ただし，グラフの軸は線形とする。

1 〔グラフ Q vs d: 直線上昇〕　**2** 〔グラフ: 凸型減少〕　**3** 〔グラフ: 直線減少〕

4 〔グラフ: 一定〕　**5** 〔グラフ: 反比例曲線〕

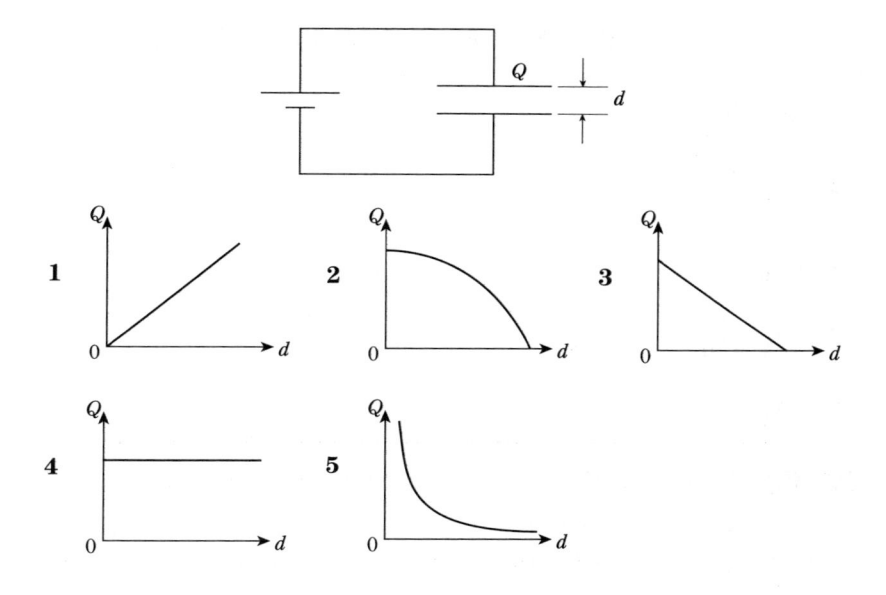

〔**題 意**〕 電磁気学の分野に関する問題で，この程度はぜひとも正解したい。

〔**解 説**〕 電気量を Q，平行平板コンデンサーの面積を S，極板間隔（平板の距離）を d，平行平板間の電圧を V，誘電率を ε とすると

$$Q = \varepsilon \frac{S}{d} V$$

と表せるので，電気量 Q と極板間隔 d の関係は反比例（電気量 Q と極板間隔 d の積が一定）となる。

したがって，この条件を満足するグラフは，**5** である。

〔**正 解**〕 **5**

---- 〔**問**〕**19** ----

質量 m の人工衛星が地球の重心を中心とする半径 r の等速円運動をしているとする。人工衛星にかかる外力が地球の引力のみとするとき，この人工衛星が地球の周りを1周するのに要する時間を表す式として，正しいものを次の中か

ら一つ選べ。ただし，地球の質量を M，万有引力の定数を G とする。

1. $2\pi\sqrt{\dfrac{mr^2}{GM}}$

2. $2\pi\sqrt{\dfrac{mr^3}{GM}}$

3. $2\pi\sqrt{\dfrac{r^2}{GM}}$

4. $2\pi\sqrt{\dfrac{r^3}{GM}}$

5. $2\pi\sqrt{\dfrac{GM}{r^3}}$

【題意】 力学の分野に関する問題で，遠心力と万有引力に関する公式を覚えていれば，簡単に解ける問題である。

なお，この分野からは，例年，力のつり合い，遠心力・向心力，エネルギー保存則，運動量保存則，等加速度・等速度運動に関する問題が大半である。出題パターンがある程度決まっているので，できれば正解したい分野であるが，ある程度問題をこなして，パターン化できないと難しい。

【解説】 設問より，質量 m の人工衛星が地球の重心を中心に半径 r で角速度 ω で等速円運動をしている場合の遠心力 F_c は

$$F_c = mr\omega^2 \tag{1}$$

である。

また，人工衛星に作用する万有引力 F_g は，地球の質量を M，万有引力定数を G とすると

$$F_g = G\dfrac{mM}{r^2} \tag{2}$$

である。

人工衛星は，地球のまわりを等速円運動をしているので，遠心力と万有引力がつり合っていることになる。つまり，式 (1) および式 (2) より

$$F_c = F_g$$

であるので

$$mr\omega^2 = G\frac{mM}{r^2}$$

$$\omega^2 = G\frac{M}{r^3}$$

$$\omega = \sqrt{G\frac{M}{r^3}} = \sqrt{\frac{GM}{r^3}} \tag{3}$$

を得る。

さらに，回転の周期を T とすると，角速度 ω は

$$\omega = \frac{2\pi}{T} \tag{4}$$

であるので，この式（4）に式（3）を代入し，整理すると

$$T = 2\pi\sqrt{\frac{r^3}{GM}}$$

となる。

したがって，正解は，**4** である。

(裏技) この問題は，選択肢の単位の次元を調べることによって正解にたどり着ける。求めるのは周期であるので時間の単位となる。ここでのポイントは，万有引力定数の単位であるが，式（2）を覚えていれば容易にわかり，$m^3/(s^2 \cdot kg)$ である。

選択肢ごとに単位を確認するとつぎのようになる。

1 について，平方根の中の単位は $kg \cdot s^2/m$ となり，その平方根を取っても時間の単位の s にはならないので，該当しない。

2 について，平方根の中の単位は $kg \cdot s^2$ となり，その平方根を取っても時間の単位の s にはならないので，該当しない。

3 について，平方根の中の単位は s^2/m となり，その平方根を取っても時間の単位の s にはならないので，該当しない。

4 について，平方根の中の単位は s^2 となり，その平方根を取ると時間の単位の s になるので，該当する。

5 について，平方根の中の単位は $1/s^2$ となり，その平方根を取ると時間の単位の逆数（1/s）とはなるが，時間の単位の s にはならないので，該当しない。

したがって，時間の単位となっているのは **4** のみである。ここまで厳密に検討する必要はなく，さらっとすませば，短時間で正解できるはずである。

[正 解] 4

---- [問] 20 ----

力に関する次の関係の中で，比例関係を持たないものを一つ選べ。

  1 　質量と重力の関係
  2 　電荷間の距離と静電気力の関係
  3 　ばねの伸びと復元力の関係
  4 　垂直抗力と摩擦力の関係
  5 　力と力のモーメントの関係

[題 意]　力学に分類される問題と思うが，選択肢には電磁気学の分野の内容も含まれている。今後は，このように分野をまたがるような問題も出題される可能性が高いので，体系的に理解しておくこと。

[解 説]　選択肢ごとに検討する。

1について，質量をm，重力をF，重力加速度gをとすると

$$F = mg$$

と表され，質量と重力の関係は比例関係にある。

2について，電荷間の距離をd，静電気力をF，電荷をq，電位差をVとすると

$$F = q\frac{V}{d}$$

と表され，電荷間の距離と静電気力の関係は反比例関係にある。

3について，ばねの伸びをx，復元力をF，ばね定数をkとすると

$$F = kx$$

と表され，ばねの伸びと復元力の関係は比例関係にある。

4について，垂直抗力をF_v，摩擦力をF_f，摩擦係数をμとすると

$$F_f = \mu F_v$$

と表され，垂直抗力と摩擦力の関係は比例関係にある。

5について，力をF，力のモーメントをM，支点から力の加わる作用点までの距離をlとすると

$$M = Fl$$

と表され，力と力のモーメントの関係は比例関係にある。
したがって，正解は，**2**である。

〔正解〕 2

〔問〕21

熱力学に関する次の記述の中で，誤っているものを一つ選べ。

1　物体AとB，BとCがそれぞれ熱平衡にあるならば，AとCも熱平衡にある。
2　熱力学第一法則によると，気体が吸収した熱量とこの気体にされた仕事の和は，この気体の内部エネルギーの増分に等しい。
3　熱力学第二法則によると，熱はすべて仕事に変換することが可能である。
4　ボイルの法則によると，温度が一定のとき，理想気体の体積は圧力に反比例する。
5　シャルルの法則によると，圧力が一定のとき，理想気体の体積は熱力学温度に比例する。

〔題意〕 熱力学の法則などの基礎的な事項を問う問題であり，ぜひとも正解したい問題である。
　この分野からの出題は，例年，気体の状態方程式，ボイル・シャルルの法則や熱伝導に関する問題が出題される。例年2題程度で，1題は正誤問題，もう1題は計算問題である。正誤問題のほうは是が非でも正解したい。

〔解説〕 選択肢ごとに検討する。
　1について，物体AとB，BとCがそれぞれ熱平衡状態（温度が等しい状態）にあるならば，AとCも熱平衡にある（つまり，温度が等しい）ので，正しい。
　2について，熱力学第1法則によると，気体が吸収した熱量とこの気体にされた仕事の和は，この気体の内部エネルギーの増分に等しいので，正しい。
　3について，熱力学第2法則によると，熱はすべて仕事に変換することはできないので，誤り。この法則から永久機関があり得ないことが導かれる。
　4について，ボイルの法則によると，温度が一定のとき，理想気体の体積は圧力に

反比例するので，正しい。

5 について，シャルルの法則によると，圧力が一定のとき，理想気体の体積は熱力学的温度に比例するので，正しい。

したがって，正解は，**3** である。

[正 解] 3

[問] 22

温度 20 ℃ の水 500 g に，90 ℃ に熱したある物質 100 g を入れたところ，水温は 23 ℃ で一定になった。この物質は何であると考えられるか，次の中から最も適切なものを一つ選べ。ただし，水の比熱を 4 J/(g·K) とし，熱の移動は水とその中に入れた物質の間でのみ生じたものとする。

	物質	比熱
1	アルミニウム	0.9 J/(g·K)
2	シリコン	0.7 J/(g·K)
3	ダイヤモンド	0.5 J/(g·K)
4	銀	0.2 J/(g·K)
5	金	0.1 J/(g·K)

[題 意] この問題は熱力学の分類に属する。熱平衡前後の熱量計算を行えば，簡単に求めることができる。この程度の計算はてきぱきとできるようにして欲しい。

[解 説] 求める物質の比熱を c とすると，熱平衡状態により高温の物質から水が得た熱量 Q_w は，設問の条件より

$$Q_w = (23 - 20) \times 500 \times 4 = 6\,000 \tag{1}$$

であり，高温の物質が失った熱量 Q_m は

$$Q_m = (90 - 23) \times 100 \times c = 6\,700\,c \tag{2}$$

となるが，この得た熱量と失った熱量が等しいので

$$Q_w = Q_m$$

式 (1) および式 (2) を代入すると

$$6\,000 = 6\,700\,c$$

$$c = \frac{6000}{6700} \fallingdotseq 0.8956 \fallingdotseq 0.9$$

となり，物質はアルミニウムと判断される。

したがって，正解は，**1** である。

〔正 解〕 **1**

――〔問〕**23**―――――――――――――――――――――――――――――

SI 組立単位の中には固有の名称を持つものがある。次の物理量とその物理量を表す単位名の組合せの中で，誤っているものを一つ選べ。

	物理量	単位名
1	エネルギー	ワット
2	周波数	ヘルツ
3	力	ニュートン
4	立体角	ステラジアン
5	電荷	クーロン

―――――――――――――――――――――――――――――――――

〔題 意〕 単位の定義に関する問題であり，当然覚えておかなければならない。非常に基本的なことなので，容易に解ける。なお，物理でよく使用される単位や物理定数に関する問題も，例年出題されるので，整理して，きちんと覚えておくこと。特に，力，圧力，エネルギーや仕事に関する組合せ単位については，相互関係をよく理解しておくこと。

〔解 説〕 **1** について，エネルギーの単位は J（ジュール）であり，W（ワット）ではないので，誤り。

2 について，周波数の単位は Hz（ヘルツ）であり，正しい。

3 について，力の単位は N（ニュートン）であり，正しい。

4 について，立体角の単位は sr（ステラジアン）であり，正しい。

5 について，電荷の単位は C（クーロン）であり，正しい。

したがって，正解は **1** である。

〔正 解〕 **1**

問 24

固体に関する次の記述の中から，誤っているものを一つ選べ。

1 金属は通常，温度が下がると電気伝導度が上がる。
2 半導体は通常，温度が上がると電気伝導度が上がる。
3 超伝導とは，低温において電気伝導度が0にある現象である。
4 アモルファスには単結晶のような長距離秩序がない。
5 絶縁体は電気を通しにくい物質である。

[題意] 固体の物性（おもに，電気的特性）に関する基礎的な問題で，一般常識があれば正解できる。近年，固体の物性を問う問題が必ず出題される。

[解説] 1について，金属は通常温度が下がると抵抗が減少し，電気伝導度が上がるので，正しい。

2について，半導体は通常温度が上がると電気伝導度が上がるので，正しい。

3について，超伝導は低温において電気抵抗が0になる現象であり，電気伝導度が0になる現象ではないので，誤り。

4について，アモルファスは単結晶のような長距離秩序がないので，正しい。アモルファスは非晶質とも呼ばれている。

5について，電気を通しにくい物質を絶縁体と呼んでいるので，正しい。

したがって，正解は，3である。

[正解] 3

問 25

一定流量の水を，図のようにホースから流速 v，角度 θ で放出させたところ，一定断面積を保って定常的に流れた。水の到達高さ H を表す式として，正しいものを次の中から一つ選べ。ただし，水流が受ける空気抵抗は無視でき，重力加速度 g および大気圧は H の範囲で一定とし，放出された水の圧力は大気圧に等しいとする。

1.2 第60回（平成22年3月実施）

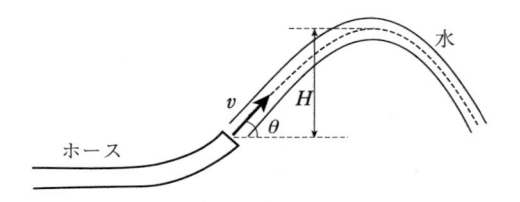

1 $H = \dfrac{v^2 \sin \theta}{2g}$

2 $H = \dfrac{v^2 \sin^2 \theta}{2g}$

3 $H = \dfrac{v^2 \cos^2 \theta}{2g}$

4 $H = \dfrac{v^2 \cos \theta}{2g}$

5 $H = \dfrac{v \cos \theta}{2g}$

――――――――――――――――――――――――――――――――

[題 意] 流体力学に分類され，物性分野に属す問題となるが，力学的知識も不可欠な複合問題である。

過去，流体力学の基本であるベルヌーイの式（エネルギー方程式）と連続の式（質量保存の法則）に関する問題が出題された。公式の意味をきちんと覚えていれば解ける問題であるが，高校の物理学では習わない範囲である。この分野では，これ以外に圧力に関する問題もたまに出題される。

流体力学は，単位時間当りで取り扱う（つまり，流速）ことが多いので，この点に注意していれば，選ぶべき選択肢の範囲が狭くなる。

[解 説] 問題図より，流出する水の水平方向速度 v_H および鉛直方向速度 v_V は，それぞれ

$$v_H = v \cos \theta, \quad v_V = v \sin \theta$$

である。力学における質点と同様に，鉛直方向速度は，重力の影響を受け，しだいに減少し0となり，さらに負となる。ここで，鉛直方向速度が0となる位置が到達高さ H となる。その間に水平方向速度は変わらないから，水の到達高さ位置での速度の大きさはホースの出口の水平方向速度に等しい。ホース出口での速度水頭は

$$\frac{v^2}{2g}$$

であり，圧力水頭は

$$\frac{P_0}{\gamma} \tag{1}$$

である。また，位置水頭は 0 である。ここで，P_0 は大気圧，γ は水の比重である。また，到達高さ位置での速度水頭は

$$\frac{v^2 \cos^2 \theta}{2g}$$

であり，圧力水頭は式（1）に等しく，位置水頭は H である。これらの条件を，ベルヌーイの式に適用すると

$$\frac{v^2}{2g} + \frac{P_0}{\gamma} + 0 = \frac{v^2 \cos^2 \theta}{2g} + \frac{P_0}{\gamma} + H \tag{2}$$

となるので，式（2）を変形して，到達高さ H を求める式にすると

$$H = \frac{v^2}{2g}(1 - \cos^2 \theta) = \frac{v^2 \sin^2 \theta}{2g}$$

となる。

したがって，正解は，**2** である

（裏技）この問題は，消去法を利用すると解くことができる。

まず，流速のうち到達高さに影響を与える成分は，鉛直方向速度であり，これは正弦分（$\sin \theta$）であることから，**1** および **2** が残る。さらに，先の鉛直方向速度との関係で，正弦分（$\sin \theta$）も二乗されているはずであり，この条件を満足するのは **2** のみとなる。

〔正 解〕 **2**

1.3 第61回（平成23年3月実施）

---- **問 1** ----

複素数 $z = e^{i\theta+1}$ の絶対値として正しいものを次の中から一つ選べ。ただし，i 及び e は，それぞれ虚数単位及び自然対数の底であり，θ は実数とする。

1 $\sqrt{2(1+\cos\theta)}$
2 $\sqrt{2(1+\sin\theta)}$
3 $\sqrt{2(1-\cos\theta)}$
4 $\sqrt{2(1-\sin\theta)}$
5 $\sqrt{1+\cos\theta}$

【題意】 複素数分野の問題で，ここ4年間連続して出題されている。このような問題が問1にあると大半の受験生は慌ててしまうと思う。このような場合は飛ばして，できそうな問題から解く。

複素数は抽象的な概念であるが，基礎的な部分さえ理解できていれば解ける。なお，この分野からは，複素数平面（ガウス平面とも呼ぶ）に関する問題や共役複素数に関する問題も出題された実績がある。

【解説】 オイラーの公式

$$e^{i\theta} = \cos\theta + i\sin\theta$$

を用いると，設問の複素数は

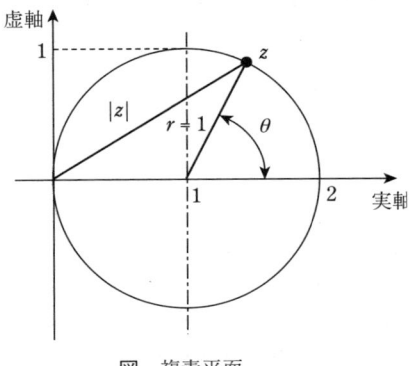

図　複素平面

$$z = e^{i\theta}+1 = \cos\theta + i\sin\theta + 1 = (\cos\theta + 1) + i\sin\theta \tag{1}$$

となる。式（1）を複素平面で表すと，図のようになる。

また，複素数 z_1 が

$$z_1 = a_1 + b_1 i \tag{2}$$

であるときの絶対値 $|z_1|$ は，式（2）より

$$|z_1| = |a_1 + b_1 i| = \sqrt{a_1^2 + b_1^2}$$

である。

したがって，式（1）の絶対値は

$$|z| = \sqrt{(\cos\theta + 1)^2 + \sin^2\theta} = \sqrt{\cos^2\theta + 2\cos\theta + 1 + \sin^2\theta}$$
$$= \sqrt{\cos^2\theta + \sin^2\theta + 1 + 2\cos\theta} = \sqrt{2 + 2\cos\theta} = \sqrt{2(1+\cos\theta)}$$

となる。ここで，$\cos^2\theta + \sin^2\theta = 1$ である。

したがって，正解は **1** である。

（参考） この問題は，式（1）まで導くことができれば，消去法が利用できる。

単純に考えれば，$\theta = 0$ で $z = 2$，$\theta = \pi$ で $z = 0$ となる選択肢を探せばよいことになるが，この条件を満足する選択肢は **1** のみである。

[正解] 1

問 2

y は時刻 t の関数で，$y = e^{-\frac{t}{\tau}}$ で表されるとする。ここで，τ 及び e は，それぞれゼロでない実定数及び自然対数の底である。このとき，$y = \dfrac{1}{10000}$ となる時刻 t の値を次の中から一つ選べ。ただし，10 の自然対数 $\log 10$ の値を 2.3 として計算せよ。

1　$0.46\,\tau$
2　$0.92\,\tau$
3　$4.6\,\tau$
4　$9.2\,\tau$
5　$46\,\tau$

[題意] 数年ぶりの，指数と対数分野からの出題である。この問題は，「管理」や「計質」などでよく出題される一次遅れ系の類似問題であり，正解したい。他の科目でも重要な項目なので，よく理解し，解法の道具となるまで，使い込めるようにして欲しい。

[解説] 設問より

$$y = e^{-\frac{t}{\tau}} = \frac{1}{10\,000} = 10^{-4} \tag{1}$$

であるので，式(1)の両辺の対数をとれば

$$-\frac{t}{\tau}\log e = -\frac{t}{\tau} = \log 10^{-4} = -4\log 10 \tag{2}$$

となる。ここで，$\log e = 1$ である。

設問の近似値を用いると，式(2)は

$$-\frac{t}{\tau} = -4\log 10 \fallingdotseq -4 \times 2.3 = -9.2 \tag{3}$$

であり，さらに，式(3)を変形すると

$$t = 9.2\,\tau \tag{4}$$

を得る。

したがって，正解は **4** である。

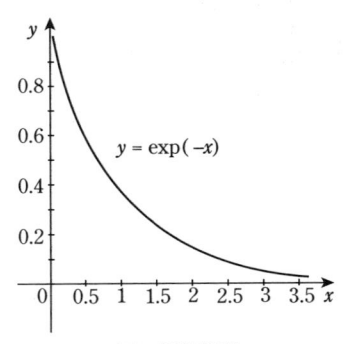

図 指数関数

(参考) このような一次遅れ系に関する問題は，この科目や「計質」，「管理」にもよく出題されるので，基本的な数値を覚えておくと便利である。なお，この問題にある定数 τ は時定数と呼ばれている。

式(1)を例にとると，

$t = \tau$ で $y = 0.368$, $1-y = 0.632$

$t = 2\tau$ で $y = 0.135$, $1-y = 0.865$

$t = 3\tau$ で $y = 0.050$, $1-y = 0.950$

である。

また，自然対数の底 e（ネイピア数とも呼ぶ）の値は

$$e = \lim_{n \to \infty}\left(1 + \frac{1}{n}\right)^n = 2.71828\cdots \tag{5}$$

である。この e の指数部は，式（1）のように表現される以外に

$$e^{-\frac{t}{\tau}} = \exp\left(-\frac{t}{\tau}\right) \tag{6}$$

と表されることがあるので注意すること。これは，単に指数部を大きくして見やすくしたもので，数学的に等価である。通常 e は指数と併記されて利用されることが多いため，このような表現もよく利用される。

[正解] 4

[問] 3

実数 x の関数 $f(x) = \exp\left(-\dfrac{x^2}{2\sigma^2}\right)$ について考える。ここで，σ はゼロでない実定数であり，$\exp(a)$ は e を自然対数の底として e^a を表す。この関数 $f(x)$ の最大値を f_m とすると，$f(x) = \dfrac{f_\mathrm{m}}{2}$ となる x の値を次の中から一つ選べ。ただし，$\log 2$ は 2 の自然対数を表す。

1　$\pm \dfrac{\sigma}{2}$

2　$\pm \sigma$

3　$\pm \sigma\sqrt{2}$

4　$\pm \sigma\sqrt{2\log 2}$

5　$\pm \sigma(2\log 2)$

[題意] これも指数と対数を利用する問題であり，今回は指数と対数分野から 2 題出題されたことになる。

[解説] 設問の関数

$$f(x) = \exp\left(-\frac{x^2}{2\sigma^2}\right) \tag{1}$$

は，$x=0$ で最大値をとり，左右対称な釣鐘状の曲線となる．この関数が，統計分野で重要な正規分布と同じ形をしていることに気が付けばよい．図に示すと，つぎのようになる．

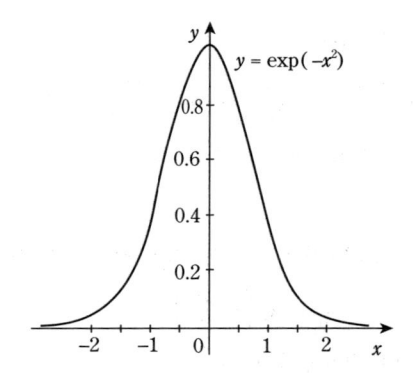

$y = \exp(-x^2)$

したがって，最大値 f_m は，式 (1) に $x=0$ を代入すると

$$f(0) = \exp\left(-\frac{0^2}{2\sigma^2}\right) = 1 = f_\mathrm{m} \tag{2}$$

であり，設問の条件である $f_\mathrm{m}/2$ は，式 (2) より

$$\frac{f_\mathrm{m}}{2} = \frac{1}{2} \tag{3}$$

であるので，式 (1) に式 (3) を代入すると

$$\exp\left(-\frac{x^2}{2\sigma^2}\right) = \frac{1}{2} = 2^{-1} \tag{4}$$

であり，式 (4) の両辺の対数をとると

$$-\frac{x^2}{2\sigma^2} = \log 2^{-1} = -\log 2 \tag{5}$$

であり，さらに，式 (5) を変形すると

$$x^2 = 2\sigma^2 \log 2 \tag{6}$$

となり，さらに，式 (6) の平方根をとると

$$x = \pm \sigma\sqrt{2 \log 2}$$

を得る．

したがって，正解は **4** である

(参考) 先にも述べたが，正規分布は，非常に重要な項目であり，この科目や「管理」でもよく出題されるので，数学的な意味や公式は覚えておく必要がある。今回の問題のような関数の形で出題されても対応できるようにしておくこと。参考までに，正規分布の確率密度関数等を記しておく。

正規分布の確率密度関数 $f(x)$ は

$$f(x) = \frac{1}{\sqrt{2\pi}\,\sigma} e^{-\frac{(x-\mu)^2}{2\sigma^2}} = \frac{1}{\sqrt{2\pi}\,\sigma} \exp\left(-\frac{(x-\mu)^2}{2\sigma^2}\right) \tag{7}$$

と表される。ここで，σ は標準偏差，μ は平均であり

$$u = \frac{x-\mu}{\sigma} \tag{8}$$

とし，式 (7) に式 (8) を代入すると，その確率密度関数 $f(u)$ は，

$$f(u) = \frac{1}{\sqrt{2\pi}} e^{-\frac{u^2}{2}} = \frac{1}{\sqrt{2\pi}} \exp\left(-\frac{u^2}{2}\right) \tag{9}$$

となる。ちなみに，標準正規分布では，標準偏差 $\sigma = 1$，平均 $\mu = 0$ としている。

【正 解】 **4**

【問】**4**

$x = 0.1$ rad のとき，$\dfrac{1}{\sqrt{1+2\sin^2 x}}$ の値に最も近い数値を次の中から一つ選べ。

1　0.95
2　0.96
3　0.97
4　0.98
5　0.99

【題 意】 微分分野の問題で，どちらかといえば応用問題であるので，苦手意識があれば深追いは禁物である。ここ数年，単純な問題ではなく，少し応用問題が出題されている。ただし，用いられている関数はかなり限定されているので，きちんと覚えておくこと。なお，以前出題されていた近似式の問題はマクローリン級数を用いるものであったが，最近はその結果を利用する問題のほうが主流になっている。

【解 説】 設問より，$x = 0.1$ とあり，$|x| \ll 1$ とみなせるので，つぎのような近

似式が成立する。
$$\sin x \fallingdotseq x \qquad (1)$$
さらに
$$(1+x)^n \fallingdotseq 1 + nx$$
より
$$\frac{1}{\sqrt{1+x}} = (1+x)^{-\frac{1}{2}} \fallingdotseq 1 - \frac{x}{2} \qquad (2)$$
であり，式 (1) を設問の式に代入すると
$$\frac{1}{\sqrt{1+2\sin^2 x}} \fallingdotseq \frac{1}{\sqrt{1+2x^2}} \qquad (3)$$
となり，さらに，式 (3) に式 (2) を代入すると
$$\frac{1}{\sqrt{1+2x^2}} \fallingdotseq 1 - \frac{2}{2}x^2 = 1 - x^2 \qquad (4)$$
となる。

そこで，式 (4) に設問の条件 $x = 0.1$ を代入すると
$$\frac{1}{\sqrt{1+2\sin^2 x}} \fallingdotseq 1 - x^2 = 1 - (0.1)^2 = 1 - 0.01 = 0.99$$
となる。

したがって，正解は **5** である。

(参考) よく出題されて，利用価値の高い近似式を参考までに，列記しておくので，しっかりと覚えておくこと。

$$e \fallingdotseq 1 + x \qquad (5)$$

$$\sin x \fallingdotseq x - \frac{x^3}{6} \qquad (6)$$

$$\cos x \fallingdotseq 1 - \frac{x^2}{2} \qquad (7)$$

$$(1+x)^n \fallingdotseq 1 + nx$$

$$\log(1+x) \fallingdotseq x - \frac{x^2}{2}$$

式 (5) および式 (6), (7) を用いることによって，問 1 に示したオイラーの公式を導くことができる。

[正 解] **5**

問 5

次の等式は，いずれも同じ数値を左辺が 8 進数，右辺が 10 進数で表示したものである。これらの中から誤っているものを一つ選べ。

1 $(0.3)_8 = (0.375)_{10}$
2 $(1.5)_8 = (1.625)_{10}$
3 $(27)_8 = (25)_{10}$
4 $(67)_8 = (55)_{10}$
5 $(546)_8 = (358)_{10}$

[題 意] 代数分野の基本的な問題あり，進数計算では，2 進数 − 10 進数 − 16 進数の組合せの出題頻度が非常に高く，難易度も低いのであるが，今回は 8 進数であった。解き方の基本は同じであり，数をこなして，正解できるようにしておくこと。

代数分野からは，これ以外に 2 次方程式などもよく出題されるので，勉強しておくこと。

[解 説] 8 進数 $(abcd.ef)_8$ を 10 進数に変換する式は，

$$a \times 8^3 + b \times 8^2 + c \times 8^1 + d \times 8^0 + e \times 8^{-1} + f \times 8^{-2}$$

であるので，これを応用して計算する。

選択肢ごとに検討する。

1 について

$$(0.3)_8 = 3 \times 8^{-1} = 3/8 = 0.375 = (0.375)_{10}$$

であるので，正しい。

2 について

$$(1.5)_8 = 1 \times 8^0 + 5 \times 8^{-1} = 1 + 5/8 = 1 + 0.625 = 1.625 = (1.625)_{10}$$

であるので，正しい。

3 について

$$(27)_8 = 2 \times 8^1 + 7 \times 8^0 = 16 + 7 = 23 \neq (25)_{10}$$

であるので，誤り。

4 について

$$(67)_8 = 6 \times 8^1 + 7 \times 8^0 = 48 + 7 = 55 = (55)_{10}$$

であるので，正しい．

5 について
$$(546)_8 = 5\times 8^2 + 4\times 8^1 + 6\times 8^0 = 320 + 32 + 6 = 358 = (358)_{10}$$
であるので，正しい．

したがって，正解は **3** である．

（参考）このように選択肢ごとに計算する必要がある問題の場合，目で見て簡単に計算できる選択肢から計算していくこと．今回は **3** から始めるのがベストである．

[正 解] **3**

[問] **6**

三次元直交座標系における3点 $(2, -1, 3)$，$(5, 2, 3)$ 及び $(2, 2, 0)$ を頂点とする三角形の面積はいくらか．次の中から正しいものを一つ選べ．

1　$\dfrac{9\sqrt{6}}{4}$

2　$\dfrac{9\sqrt{3}}{2}$

3　$\dfrac{9\sqrt{6}}{2}$

4　$9\sqrt{3}$

5　$9\sqrt{6}$

[題 意]　幾何学分野ではあるが，少し難問である．このように解き方をすぐ思いつかないときは，まずできる限り正確に図を描いてみて，設問が何をいっているのかを観察することを勧める．ただ，以下のような検討で，比較的簡単に結果が出ることも多い．

こういう問題に出る三角形は，直角三角形か二等辺三角形か正三角形であることが多い．そこで，△ABC がどのような三角形か描いた図と各辺の長さを参考に把握する．

[解 説]　三角形の頂点の座標 (x, y, z) が3点ともわかっている場合，各頂点を A，B，C とすると，辺の長さ AB，BC，CA はピタゴラスの定理より，それぞれ

$$AB^2 = (2-5)^2 + (-1-2)^2 + (3-3)^2 = 9+9 = 18$$
$$BC^2 = (5-2)^2 + (2-2)^2 + (3-0)^2 = 9+9 = 18$$
$$CA^2 = (2-2)^2 + (2-(-1))^2 + (0-3)^2 = 9+9 = 18$$

となる。

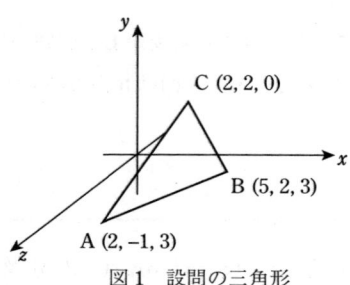

図1　設問の三角形

三辺の辺の長さの二乗の値が互いに等しいので，設問の△ABC は，辺の長さが $3\sqrt{2}$ の正三角形であるこがわかる。

また，辺の長さが a の正三角形の高さは，ピタゴラスの定理より，$\sqrt{3}\,a/2$ であり，その面積 S は

$$S = \frac{1}{2} \times a \times \frac{\sqrt{3}}{2} a = \frac{\sqrt{3}}{4} a^2 \tag{1}$$

となる。

設問の三角形の辺の長さは，$3\sqrt{2}$ であるので，この値を式 (1) に代入すると

$$S = \frac{\sqrt{3}}{4} a^2 = \frac{\sqrt{3}}{4} \times (3\sqrt{2})^2 = \frac{9\sqrt{3}}{2}$$

が得られる。

したがって，正解は **2** である。

(別解) この問題は，ベクトルの外積を利用して解くこともできるので，別解として説明する。

3 点 A (a_x, a_y, a_z)，B (b_x, b_y, b_z)，C (c_x, c_y, c_z) を頂点とする△ABC の面積 S は，

$$S = \frac{1}{2} |\overrightarrow{AB} \times \overrightarrow{AC}| \tag{2}$$

で表される。外積については，後ほど説明する。

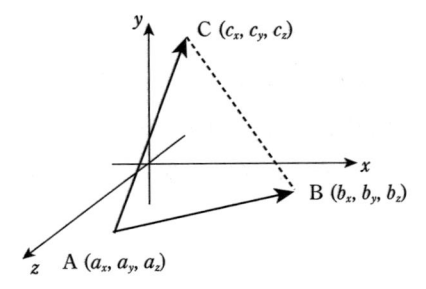

図2 空間ベクトル

ここで,
$$\vec{AB} = (b_x - a_x, b_y - a_y, b_z - a_z) \tag{3}$$
$$\vec{AC} = (c_x - a_x, c_y - a_y, c_z - a_z) \tag{4}$$
である。

設問の条件を式 (3) および式 (4) に代入すると
$$\vec{AB} = (3-2, 2-(-1), 3-3) = (3, 3, 0) \tag{5}$$
$$\vec{AC} = (2-2, 2-(-1), 0-3) = (0, 3, -3) \tag{6}$$
となり,さらに,式 (2) に式 (5) および式 (6) を代入すると
$$S = \frac{1}{2}|\vec{AB} \times \vec{AC}|$$
$$= \frac{\sqrt{(3 \cdot (-3) - 3 \cdot 0)^2 + (0 \cdot 3 - (-3) \cdot 3)^2 + (3 \cdot 3 - 0 \cdot 3)^2}}{2}$$
$$= \frac{\sqrt{3 \times 9^2}}{2} = \frac{9\sqrt{3}}{2}$$
が得られる。

したがって,正解は **2** である。

二つのベクトル $a\ (x_a, y_a, z_a)$, $b\ (x_b, y_b, z_b)$ の外積 $a \times b$ は
$$a \times b = (y_a z_b - y_b z_a,\ z_a x_b - z_b x_a,\ x_a y_b - x_b y_a)$$
であるので
$$|a \times b| = \sqrt{(y_a z_b - y_b z_a)^2 + (z_a x_b - z_b x_a)^2 + (x_a y_b - x_b y_a)^2}$$
となる。

[正解] **2**

84　　1. 計量に関する基礎知識

----- 問 7 -----

曲線 $y = x^3$ 上の点 A における接線の x 軸, y 軸との交点をそれぞれ B, C とする。線分 $\overline{AB}$ と線分 $\overline{BC}$ の長さの比 $\overline{BC}/\overline{AB}$ の値はどれか。次の中から正しいものを一つ選べ。ただし, 点 A は原点以外にあるとする。

1　$\dfrac{1}{3}$

2　$\dfrac{1}{2}$

3　1

4　$\dfrac{3}{2}$

5　2

【題意】 微分分野の問題であるが, 傾きを微分で求めることに気が付かなければ解けない。2 次以上の高次の関数で傾きを求める場合は微分を用いる。

【解説】 まず, 設問を図で表すと, つぎのようになる。

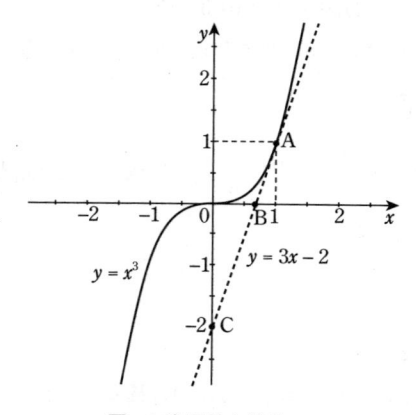

図　3 次関数と接線

設問の曲線 $y = x^3$ の傾きを求めるために微分すると

$$y' = 3x^2 \tag{1}$$

である。

設問の曲線について, 点 A の座標を (a, a^3) とすると, この点の接線は 1 次関数（図

中では点線で示している）であるので
$$y = \alpha x + \beta \tag{2}$$
と仮定できる。$x = a$ のときの曲線 $y = x^3$ の傾きは式 (1) より $3a^2$ である。したがって点 A での接線の傾きも $3a^2$ となり
$$\alpha = 3a^2$$
である。これを式 (2) に代入すると
$$y = 3a^2 x + \beta \tag{3}$$
を得る。

さらに，式 (3) は，点 A を通るので，式 (3) に点 A の座標を代入すると
$$a^3 = 3a^2 \times a + \beta = 3a^3 + \beta \tag{4}$$
となり，式 (4) を変形すると
$$\beta = -2a^3 \tag{5}$$
となり，式 (3) に式 (5) を代入すると
$$y = 3a^2 x - 2a^3 \tag{6}$$
を得る。これが，接線の式となる。

設問より，点 B は x 軸との交点（$y = 0$）であるので，その座標は，式 (6) より
$$B = \left(\frac{2}{3}a, 0\right) \tag{7}$$
であり，同様に，点 C は y 軸との交点（$x = 0$）であるので，その座標は，式 (6) より
$$C = (0, -2a^3) \tag{8}$$
である。

したがって，設問の条件と式 (7) および式 (8) より，線分の長さは，ピタゴラスの定理を用いると，それぞれ
$$\overline{AB} = \sqrt{\left(1 - \frac{2}{3}\right)^2 a^2 + (a^3)^2} = \frac{a\sqrt{1 + 9a^4}}{3} \tag{9}$$
$$\overline{BC} = \sqrt{\left(\frac{2}{3}\right)^2 a^2 + (-2a^3)^2} = \frac{2a\sqrt{1 + 9a^4}}{3} \tag{10}$$
であるので，その比は，式 (9) および式 (10) より
$$\frac{\overline{BC}}{\overline{AB}} = \frac{2a\sqrt{1 + 9a^4}}{3} \bigg/ \frac{a\sqrt{1 + 9a^4}}{3} = 2$$

となる。したがって，正解は **5** である。

[正 解] 5

[問] 8

図のような，底面の半径 r，高さ h の直円柱を考える。この円柱の中心軸を含む平面で円柱を二等分したときの断面の周長を一定に保つとき，この円柱の体積が最大となる r/h の値を次の中から一つ選べ。

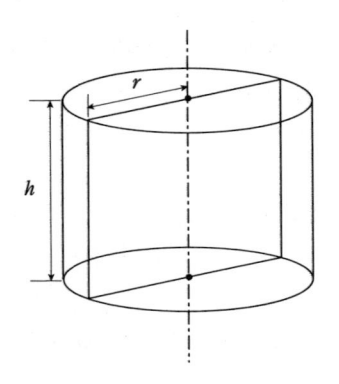

1. $\dfrac{3}{4}$
2. 1
3. $\dfrac{4}{3}$
4. $\dfrac{3}{2}$
5. 2

[題 意] 前問と同様に，微分分野の問題である。ここでは，最大値（極値）を求めるために微分を利用している。2次関数の場合も含め最大値あるいは最小値を求める場合には微分を利用することが多いので解法を身に付けておいて欲しい。

[解 説] 設問の周長を $2l$ とすると，設問の定義より

$$2l = 4r + 2h$$
$$l = 2r + h$$

$$h = l - 2r \tag{1}$$

となる。

直円柱の体積 V は，底面積を S とすると

$$V = S \cdot h = \pi r^2 \cdot h \tag{2}$$

であるので，式 (2) に式 (1) を代入すると

$$V = \pi r^2 (l - 2r) = \pi l r^2 - 2\pi r^3 \tag{3}$$

となる。

体積の最大値は，上式 (3) を r について微分することにより求めることができるので

$$V' = 2\pi l r - 6\pi r^2 = 2\pi r (l - 3r) \tag{4}$$

となり，最大となるのは，$V' = 0$ のとき（このときに V が極値を持つ）ので，式 (4) より

$$V' = 2\pi r (l - 3r) = 0$$

であり，設問の条件より

$$l = 3r \tag{5}$$

となる。

したがって，式 (1) に式 (5) を代入すると

$$h = l - 2r = 3r - 2r = r$$

$$\frac{l}{h} = 1$$

を得る。

したがって，正解は **2** である。

〔正 解〕 **2**

問 9

行列 $\mathbf{M} = \begin{bmatrix} \cos\theta & -\sin\theta \\ \sin\theta & \cos\theta \end{bmatrix}$ に関して，$\mathbf{M}^4 = \mathbf{I}$ が成り立つ θ の値を次の中から一つ選べ。ただし，$\mathbf{I}$ は単位行列を表す。

1    $\dfrac{\pi}{6}$

2 　$\dfrac{\pi}{4}$

3 　$\dfrac{\pi}{3}$

4 　$\dfrac{\pi}{2}$

5 　$\dfrac{2\pi}{3}$

〔題意〕 行列分野の問題であるが，出題内容が従来とは異なっている。これまでは，逆行列や行列方程式などが中心であった。ちなみに，前回はケーリー・ハミルトンの公式を用いるものであった。

〔解説〕 設問の行列

$$\mathbf{M} = \begin{bmatrix} \cos\theta & -\sin\theta \\ \sin\theta & \cos\theta \end{bmatrix} \tag{1}$$

は，回転移動（座標変換）を表した回転行列であるので

$$\begin{bmatrix} X \\ Y \end{bmatrix} = \begin{bmatrix} \cos\theta & -\sin\theta \\ \sin\theta & \cos\theta \end{bmatrix} \begin{bmatrix} x \\ y \end{bmatrix} \tag{2}$$

と表現できる。つまり，座標 (x, y) を角度 θ だけ回転した後の座標 (X, Y) との関係を行列で示したものである。

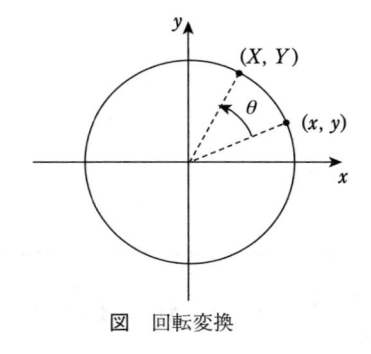

図　回転変換

$$\mathbf{M}^4 = \mathbf{I} \tag{3}$$

であるので，式（3）に式（1）を代入すると

$$\begin{bmatrix} \cos\theta & -\sin\theta \\ \sin\theta & \cos\theta \end{bmatrix}^4 = \begin{bmatrix} 1 & 0 \\ 0 & 1 \end{bmatrix}$$

となり，式 (3) の右辺を式 (2) に代入すると

$$\begin{bmatrix} X \\ Y \end{bmatrix} = \begin{bmatrix} 1 & 0 \\ 0 & 1 \end{bmatrix}\begin{bmatrix} x \\ y \end{bmatrix}$$

であるので，$X = x$, $Y = y$ となる。つまり，最初の座標に戻るということである。また，行列 **M** を 4 乗するということは回転変換 (2) を 4 回変換するということである。したがって，回転変換 (2) を 4 回変換することにより，1 回転 (2π) したことになる。つまり

$4\theta = 2\pi$

$\theta = \pi/2$

となる。

したがって，正解は **4** である。

(参考) 今後，このような回転行列の問題が出題されたときに備えて，つぎの公式を覚えておくこと。なお，回転座標変換にも利用されることもある。

$$\begin{bmatrix} \cos\theta & -\sin\theta \\ \sin\theta & \cos\theta \end{bmatrix}^n = \begin{bmatrix} \cos n\theta & -\sin n\theta \\ \sin n\theta & \cos n\theta \end{bmatrix} \tag{4}$$

式 (4) は，回転変換を n 回行ったときの関係を示している。なお，この問題の場合 $n = 4$ であり，

$$\begin{bmatrix} \cos\theta & -\sin\theta \\ \sin\theta & \cos\theta \end{bmatrix}^4 = \begin{bmatrix} \cos 4\theta & -\sin 4\theta \\ \sin 4\theta & \cos 4\theta \end{bmatrix}$$

となる。

[正 解] **4**

問 10

4 人でジャンケンをするとき，1 回のジャンケンで 1 人だけが負ける確率を次の中から一つ選べ。

1　$\dfrac{4}{27}$

2　$\dfrac{5}{27}$

3　$\dfrac{7}{27}$

4　$\dfrac{10}{27}$

5　$\dfrac{11}{27}$

【題意】 確率・統計分野の基本的な問題であり，最近は，毎年出題されている．特段の知識やテクニックを要しないので必ず正解しなければならない問題である．今回は期待値に関する計算問題は出題されなかったが，出題頻度は非常に高いので勉強しておくこと．

【解説】 設問より，4人のジャンケンで，1人が負けるのは，3人が同じものを出し，残る1人がそれに負けるものを出したとき，つまり，3人がグーのときは残る1人はチョキ，3人がチョキのときは残る1人はパー，3人がパーのときは残る1人はグーの3通りであり，また，その組合せは4組（人数分）あるので，求める確率 P は

$$P = 4 \times 3 \times \left(\dfrac{1}{3} \times \dfrac{1}{3} \times \dfrac{1}{3} \times \dfrac{1}{3}\right) = 4 \times 3 \times \left(\dfrac{1}{3}\right)^4 = \dfrac{4}{27}$$

となる．

したがって，正解は **1** である．

【正解】 1

問 11

確率・統計に関する次の記述の中から，誤っているものを一つ選べ．

1　根元事象とは，それ以上分けることの出来ない事象である．

2　確率事象 A と B が排反的であるとき，A，B の積事象は空事象となる．

3　標準偏差は平均偏差とも言う．

4　相関係数とは2変量の共分散を，各変量の標準偏差の積で除した値である．

5　正規分布の確率密度関数を $f(x)$ とすると，$\lim\limits_{x \to \infty} f(x) = 0$ である．

[題意] 確率・統計の統計に関する基本的な問題である。なお，問われる用語はほぼ決まっているので，きちんと整理して覚えておくこと。

[解説] 選択肢ごとに検討する。

1について，設問どおり，根元事象とはそれ以上分けることのできない事象であり，正しい。

2について，設問どおり，確率事象AとBが排反的であるときA，Bの積事象は空事象となるので，正しい。なお，排反的とは，確率事象AとBとが同時に起こりえないことを意味している。

3について，標準偏差は平均偏差と異なるので，誤り。なお，平均偏差は算術平均との差の絶対値の和の平均である。この選択肢もよく出てくる。

4について，設問どおり，相関係数は2変量の共分散を各変量の標準偏差の積で除した値であるので，正しい。

5について，設問どおり，正規分布の確率密度関数を$f(x)$とすると，$\lim_{x \to \infty} f(x) = 0$であり，正しい。正規分布の形を思い出して欲しい。

したがって，正解は**3**である。

[正解] 3

[問] 12

サイコロを1回投げて偶数が出たら階段を3段上り，奇数が出たら1段降りる動作を続けるゲームをする。上下に十分に長い階段の中央部のある段を出発し，この動作を4回繰り返したとき，出発した段に戻る確率を次の中から一つ選べ。

1 $\dfrac{1}{8}$

2 $\dfrac{1}{4}$

3 $\dfrac{3}{8}$

4 $\dfrac{3}{4}$

5 $\dfrac{5}{8}$

[題意] 問10と同様に，確率・統計分野の基本的な問題である。問10と同様に正解しなければならない。

[解説] 設問より，サイコロを4回投げて，出発した段に戻るのは，1回偶数が出て残り3回奇数が出たときのみであり，偶数が出たのが1回目から4回目までの4通りなので，求める確率 P は

$$P = 4 \times \left(\dfrac{3}{6} \times \dfrac{3}{6} \times \dfrac{3}{6} \times \dfrac{3}{6}\right) = 4 \times \left(\dfrac{1}{2}\right)^4 = \dfrac{1}{4}$$

となる。

したがって，正解は **2** である。

[正解] 2

[問] 13

光の速さに関する次の記述の中から，誤っているものを一つ選べ。

1 物質中の光の速さは真空中の光の速さより大きい。
2 空気中の光の速さは水中の光の速さより大きい。
3 水中の光の速さはガラス中の光の速さより大きい。
4 ガラス中の光の速さはダイヤモンド中の光の速さより大きい。
5 真空中の光の速さはおよそ 3×10^8 m/s である。

[題意] 光と光波に関する基本的な問題であり，ここ数年毎回出題されている。正誤問題が中心であるが，たまに計算問題も出題されるので，レンズの公式などの基本的な公式は，確実に覚えておくこと。

なお，正誤問題では，光の回折，干渉や散乱あるいはレンズを通した像の性質（虚像や正逆）などから出題される。今回のように光の速さに関する問題は初めてである。

よく出題される凹レンズ，凸レンズの特徴は，実際に図を描いて，確認しておくと頭に入りやすい。正確に覚えていれば，すぐ見つけ出せる。

【解 説】 選択肢ごとに検討する。

1について，物質中の光の速さは真空中の光の速さよりも小さい（遅い）ので，誤り。

2について，設問どおり，空気中の光の速さは水中の光の速さより大きい（速い）ので，正しい。

3について，設問どおり，水中の光の速さはガラス中の光の速さより大きい（速い）ので，正しい。

4について，設問どおり，ガラス中の光の速さはダイヤモンド中の光の速さより大きい（速い）で，正しい。

5について，設問どおり，真空中の光の速さはおよそ 3×10^8 m/s であるので，正しい。蛇足になるが，長さの単位であるメートルの定義はこの光の速さを基準にしていることも覚えておくこと。

したがって，正解は **1** である。

【正 解】 **1**

【問】 **14**

音に関する次の記述の中から，誤っているものを一つ選べ。

1 人の耳で聞き取れる音波の振動数は 20 Hz ～ 20 000 Hz の範囲にある。

2 救急車の警笛音は，救急車が近づくときの方が遠ざかるときよりも高く聞こえる。

3 音の高さが1オクターブ上になると，音の振動数は2倍になる。

4 耳が受ける音の強さが2倍になっても，人に感じられる音の大きさは2倍にはならない。

5 冷たい大気中よりも暖かい大気中の方が音は遅く伝わる。

【題 意】 音波に関する基本的な問題であり，出題パターンも，今回のように，正誤問題が大半である。基本的な公式はよく覚えておくこと。ワンパターンなので，正解できないとかなり苦しくなる。

出題される内容としては，音速の温度依存性，各種媒体を通過する場合の音速や光速の比較，ドップラー効果，干渉や回折などが大半である。

〔解 説〕 選択肢ごとに検討する。

1 について，設問どおり，人の耳で聞き取れる音波の振動数は 20 〜 20 000 Hz の範囲であり，正しい。加齢につれて振動数の高い音が聞こえにくくなるが，これは鼓膜が高い周波数の振動に追従できなくなるためである。

2 について，設問どおり，救急車の警笛音は救急車が近づくときのほうが遠ざかるときよりも高く聞こえるので，正しい。この効果はドップラー効果と呼ばれている。また，音が高いということは振動数が高い（波長が短い）ということも合わせて頭に入れておくこと。

3 について，設問どおり，音の高さが 1 オクターブ上になると音の振動数は 2 倍になるので，正しい。この選択肢もよく出てくる。

4 について，設問どおり，耳が受ける音の強さが 2 倍になっても人が感じる音の強さは 2 倍にはならないので，正しい。音の大きさはデシベルで表され，人が音の大きさを 2 倍に感じるためには音の強さを 10 倍にする必要がある。

5 について，冷たい大気中よりも暖かい大気中のほうが音は速く伝わるので，誤り。これは音速の温度依存性に関するもので，空気の温度が高いほうが音速は速くなる。温度依存性は公式 (1) としても覚えておくこと。

$$v = \sqrt{\frac{\gamma RT}{M}} \fallingdotseq 331.5 + 0.6t \ \ [\mathrm{m/s}] \tag{1}$$

ここで，γ：比熱比，R：気体定数，T：気体の絶対温度（単位：K），M：気体の平均分子量，t：気体の温度（単位：℃）である。

したがって，正解は **5** である。

〔正 解〕 5

問 15

X 線管内で陰極から出た電子が電圧で加速され，その電子が陽極に衝突して 1 個の X 線光子を出すとき，加速により得られた電子のエネルギーがすべて X 線光子に移ると，X 線の波長は最短波長となる。次の中から最短波長 λ_0 を表す式を一つ選べ。ただし，V は加速電圧，e は電子の電荷，h はプランク定数，c は光の速さである。

1. $\lambda_0 = \dfrac{eV}{hc}$

2. $\lambda_0 = \dfrac{hc}{eV}$

3. $\lambda_0 = \dfrac{h}{ceV}$

4. $\lambda_0 = \dfrac{ceV}{h}$

5. $\lambda_0 = \dfrac{V}{ehc}$

【題意】 量子論・原子論分野の問題である．この分野は大半が正誤問題なので，定量的というよりは定性的に覚えておいても十分対応できるが，計算問題もたまに出題される．なお，この分野からは放射線や半減期（今回は問16で出題された）など問題もよく出題される．

なお，今回は出題されなかったが，崩壊（α崩壊，β崩壊およびγ崩壊）は過去に非常によく出題されていたので，表にして，その特徴を比較しながら覚えておくこと．ここ数年は出題されていない．

【解説】 X線管内で加速された電子のエネルギーE_eは，設問の条件より

$$E_e = eV \tag{1}$$

である．

また，光子のエネルギーE_pは，振動数をνとすると

$$E_p = h\nu \tag{2}$$

であり，さらに，振動数νは，設問の条件より

$$\nu = \dfrac{c}{\lambda} \tag{3}$$

であるので，光子のエネルギーE_pは，式(2)に式(3)を代入すると

$$E_p = \dfrac{hc}{\lambda} \tag{4}$$

となり，最短波長でエネルギーE_pは，式(4)より

$$E_p = \dfrac{hc}{\lambda_0} \tag{5}$$

である。

設問より，加速で得られた電子のエネルギーがすべて光子のエネルギーに移るとしているので

$$E_e = E_p \tag{6}$$

であり，式(6)に式(1)および式(5)を代入し，変形すると

$$\lambda_0 = \frac{hc}{eV} \tag{7}$$

となる。

したがって，正解は **2** である。

[正解] 2

[問] 16

ヨウ素 I の放射性同位体 ^{123}I，^{124}I 及び ^{125}I の半減期は，それぞれ 13.3 時，4.2 日及び 59.4 日である。これらの壊変の観測を同時に始めた場合，ある日数経過後に未崩壊の放射性同位体がどれだけ残っているか。次の記述の中から，誤っているものを一つ選べ。

1　0.5 日後に 1/2 以上残っているのは ^{124}I と ^{125}I のみである。
2　1 日後に 1/2 以上残っているのは ^{124}I と ^{125}I のみである。
3　6 日後に 1/4 以上残っているのは ^{124}I と ^{125}I のみである。
4　10 日後に 1/8 以上残っているのは ^{124}I と ^{125}I のみである。
5　150 日後に 1/8 以上残っているのは ^{125}I のみである。

[題意] 量子論・原子論分野の問題であり，半減期の計算が前回に引き続き出題された。単独で出題される以外に，正誤問題の選択肢としても出題されるので，簡単に計算できるようにしておくこと。

[解説] 半減期が T の同位体において，最初にあった同位体の数を n_0，t 時間経過した後の残存同位体の数 n は

$$n = n_0 \left(\frac{1}{2}\right)^{\frac{t}{T}} = n_0 \left(\frac{1}{2}\right)^m$$

と表すことができる。

短時間で解くポイントは，選択肢の未崩壊割合の数値が $(1/2)^m$ となっていることである。**1** と **2** は $m=1$ で $1/2=0.5$，**3** は $m=2$ で $1/4=0.25$，**4** と **5** は $m=3$ で $1/8=0.125$ となるので，経過日数を半減期で除した数値と m を比較することによって簡単に求めることができる。ここで

$$m = \frac{t}{T}$$

である。

この考え方に基づき，選択肢ごとに検討する。

1 について，$m \leqq 1$ であり

^{123}I は 12 時間（= 0.5 日）/13.3 時間 ≒ 約 0.9 < 1

^{124}I は 0.5 日 /4.2 日 ≒ 約 0.12 < 1

^{125}I は 0.5 日 /59.4 日 ≒ 約 0.008 < 1

つまり，設問とは異なり，^{123}I も 1/2 以上残っているので，誤り。

2 について，$m \leqq 1$ であり

^{123}I は 24 時間（= 1 日）/13.3 時間 ≒ 約 1.8 > 1

^{124}I は 1 日 /4.2 日 ≒ 約 1.1 > 1

^{125}I は 1 日 /59.4 日 ≒ 約 0.02 < 1

つまり，正しい。

3 について，$m \leqq 2$ であり

^{123}I は 144 時間（= 6 日）/13.3 時間 ≒ 約 10.8 > 2

^{124}I は 6 日 /4.2 日 ≒ 約 1.4 < 2

^{125}I は 6 日 /59.4 日 ≒ 約 0.9 < 2

つまり，正しい。

4 について，$m \leqq 3$ であり

^{123}I は 240 時間（= 10 日）/13.3 時間 ≒ 約 18.0 > 3

^{124}I は 10 日 /4.2 日 ≒ 約 2.4 < 3

^{125}I は 10 日 /59.4 日 ≒ 約 0.17 < 3

つまり，正しい。

5 について，$m \leqq 3$ であり

^{123}I は 3600 時間（= 150 日）/13.3 時間 ≒ 約 270.0 > 3

^{124}I は 150 日 /4.2 日 ≒ 約 35.7 > 3

^{125}I は 150 日 /59.4 日 ≒ 約 2.3 < 3

つまり，正しい。

したがって，正解は **1** である。

（参考）場合によっては，残存した同位体の数ではなく，崩壊した同位体の数から残存した数を求めるような問題もあるので，注意する必要がある。

[正 解] 1

問 17

ある事務所で 1 日に使用した電気器具と消費電力，個数，使用時間が下の表の通りであったとき，その日の使用した電力量の合計はいくらか。次の中から正しい値に最も近いものを一つ選べ。

器具	消費電力	個数	使用時間
蛍光灯	30 W	10 個	10 時間
パソコン	100 W	3 台	8 時間
冷蔵庫	100 W	1 台	24 時間
エアコン	1 000 W	1 台	8 時間

1　9.2 kWh
2　11.4 kWh
3　13.6 kWh
4　15.8 kWh
5　18.0 kWh

[題 意]　電磁気学の分野に関する問題であるが，単純な電力量の計算であり，この程度はぜひとも正解したい。この分野では，直列・並列回路の抵抗やコンデンサーの合成，電気振動回路，一様電場・磁場中の荷電粒子の運動などもよく出題されるので，解けるようにしておくこと。また，ホイートストンブリッジ回路は，「計

質」の電気抵抗線式はかりのひずみゲージなどの問題でも出題されるので，よく構造や特徴を理解しておいて欲しい．なお，オームの法則と直列・並列接続の場合の抵抗の合成がわかれば解ける．

[解 説] 電力量は電力×使用時間であり，器具ごとの電力量はそれを個数倍すればよい．器具別に計算すると

　　　器　具　　：電力 × 個数 × 使用時間 ＝ 電力量
　　　蛍光灯　　：30 W ×10 個×10 時間 ＝ 3 000 Wh （3.0 kWh）
　　　パソコン　：100 W ×3 台× 8 時間 ＝ 2 400 Wh （2.4 kWh）
　　　冷蔵庫　　：100 W ×1 台×24 時間 ＝ 2 400 Wh （2.4 kWh）
　　　エアコン　：1 000 W ×1 台× 8 時間 ＝ 8 000 Wh （8.0 kWh）

であるので，これらの合計は 15.8 kWh である．

したがって，正解は **4** である．

[正 解] **4**

問 18

抵抗値を連続的に変えることのできる抵抗（可変抵抗器）及び起電力 E の電池を図のように接続し，この回路に流れる電流を電流計で測定した．可変抵抗器の抵抗値を R_0 としたときの電流値が I_0 であった場合，可変抵抗器の抵抗値を R_0 から $2R_0$ までゆっくりと連続して変化させたときの電流値の変化を表すグラフとして，最も適当なものを次の中から一つ選べ．ただし，電池内部の抵抗は無視できるものとする．

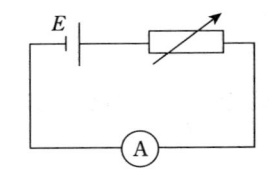

1 電流値グラフ：横軸 抵抗値（0, R_0, $2R_0$），縦軸 電流値。R_0 で I_0，$2R_0$ で $\frac{1}{2}I_0$，曲線（反比例）で減少。

2 電流値グラフ：R_0 で I_0，$2R_0$ で $\frac{1}{2}I_0$，直線で減少。

3 電流値グラフ：R_0 で I_0，$2R_0$ で $2I_0$，曲線で増加。

4 電流値グラフ：R_0 で I_0，$2R_0$ で $2I_0$，上に凸の曲線で増加。

5 電流値グラフ：R_0 で I_0，$2R_0$ で $2I_0$，直線で増加。

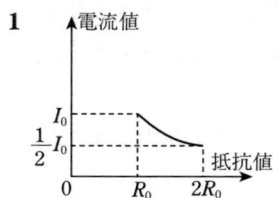

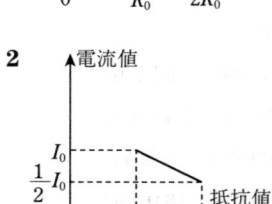

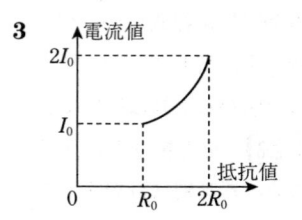

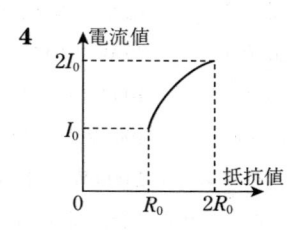

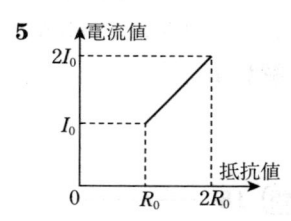

[題 意] 電磁気学の分野に関する問題で，この程度はぜひとも正解したい。この分野の出題傾向は前述のとおりである。

[解 説] オームの法則は

$$I = \frac{E}{R} \tag{1}$$

であり，式 (1) に設問の条件を代入すると

$$I_0 = \frac{E}{R_0} \tag{2}$$

となり，さらに，可変低抗器の抵抗値 R を最初の抵抗値の 2 倍にしたときの電流値 I_1 は，式 (1) および式 (2) より

$$I_1 = \frac{E}{2R_0} = \frac{I_0}{2}$$

となる。

また，式 (1) より，起電力 E が一定の場合，電流値 I は抵抗値 R に反比例する。

したがって，これらの条件を満足するグラフは**1**のみである。

[正解] 1

---- [問] 19 ----

次の図の (a) のように，箔が閉じている検電器がある。正に帯電したガラス棒を金属板に近づけたところ，図の (b) のように箔が開いた。この状態で図の (c) のように金属板に素手で触れて接地したときの箔の状態を示す記述として，正しいものを次の中から一つ選べ。

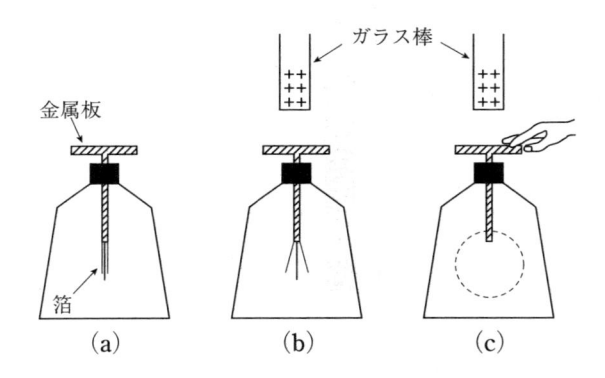

1　箔の開き方は変わらない。
2　箔はさらに開く。
3　箔は閉じる。
4　箔は一度閉じてから (b) の状態に戻る。
5　箔は一度さらに開いてから (b) の状態に戻る。

[題意]　電磁気学の分野に関する問題であるが，検電器に関しては初めての出題である。

[解説]　帯電したガラス棒を金属板に近づけると，金属板も帯電し，箔が開く。金属板に素手で触れて接地すると，帯電した金属板から素手を通じて，静電気が流れ出るので，箔は閉じる。

したがって，正解は**3**である。

102　　1. 計量に関する基礎知識

[正 解] 3

---- [問] 20 ----

ばね定数 k，自然長 l_0 のばねがある。図のように質量 M のおもりをばねの一端に取り付け，他端を持って引き上げた。ばねの伸びが l であるとき，おもりの鉛直上向きの加速度はいくらか。正しいものを次の中から一つ選べ。ただし，重力加速度の大きさを g とし，ばねの質量は無視できるものとする。

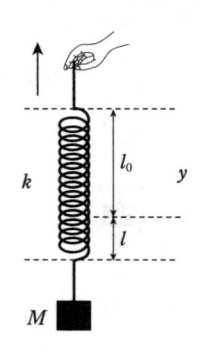

1　$\dfrac{kl}{M}$

2　$\dfrac{kl}{M} + g$

3　$\dfrac{kl}{M} - g$

4　$\dfrac{kl^2}{2M} - g$

5　$\dfrac{kl^2}{2M} + g$

[題 意] 力学分野からの出題である。この分野からは，例年，力のつり合い，遠心力・向心力，エネルギー保存則，運動量保存則，等加速度・等速度運動に関する問題が大半である。出題パターンがある程度決まっているので，できれば正解したい分野であるが，ある程度問題をこなして，パターン化できないと難しいかもしれない。

[解 説]　フックの法則より，ばねの力 F_i は

$$F_i = k\,l \tag{1}$$

である．

また，ばねに作用する力 F_0 は，おもりを鉛直上向きに引き上げるときに作用する鉛直下向きの加速度 a と鉛直下向きの重力加速度 g であるので

$$F_0 = M(a + g) \tag{2}$$

である．

この二つの力 F_i と F_0 がつり合っているので，式 (1) および式 (2) より

$$k\,l = M(a + g) \tag{3}$$

であり，式 (3) を変形すると

$$a = \frac{kl}{M} - g \tag{4}$$

となる．

したがって，正解は **3** である．

力学では，この問題のように慣性力，重力加速度による力，遠心力，向心力などのつり合いを利用する問題がよく出題される．

[正 解] **3**

問 21

図のように傾きを持つ平面上の点 O に小物体を置き，この斜面に沿って水平方向に初速度 v を与えた．点 O を原点として斜面上で水平方向に x 軸を，それと直交して斜面を下降する方向に y 軸を取ったとき，斜面を滑り落ちる小物体の軌跡として最も適当なものを次の中から一つ選べ．ただし，この平面と小物体の間には摩擦が無いものとする．

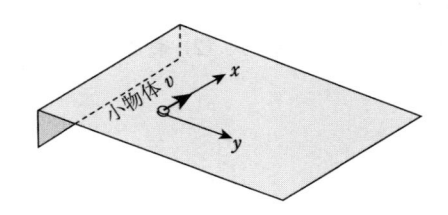

1　O ─→ x
　　│╲
　　↓　╲___
　　y

4　O ─→ x
　　│ ⋮
　　│ ⋮
　　↓
　　y

2　O ─→ x
　　│╲
　　↓ ╲
　　y

5　O ─→ x
　　│╲
　　│ ╲___
　　↓- - - - -
　　y

3　O ─→ x
　　│╲
　　↓ ╲
　　y

- -

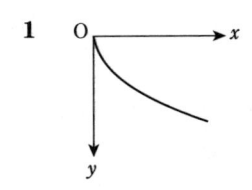

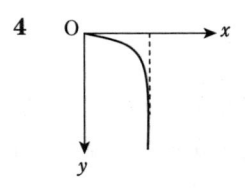

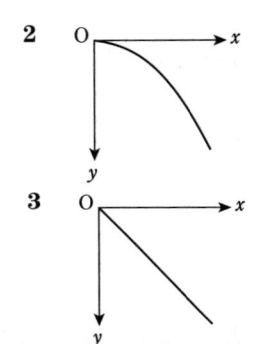

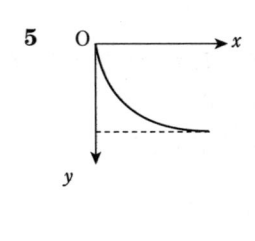

［題意］ 前問と同様に力学分野からの出題であり，等加速度運動と等速度運動に関するものである。

［解説］ この斜面の傾きを θ，重力加速度を g とすると，y 軸方向の加速度 a は

$$a = g \sin \theta \tag{1}$$

である。

設問の条件と式（1）より，t 時間経過後の x 軸方向の速度 v_x および y 軸方向の速度 v_y は，それぞれ

$$v_x = v \tag{2}$$
$$v_y = at = gt \sin \theta \tag{3}$$

であり，そのときの距離 x および y は，式（2）および式（3）を時間 t で積分して

$$x = vt \tag{4}$$
$$y = \frac{1}{2} g t^2 \sin \theta \tag{5}$$

と求まる。

さらに，式（4）を変形すると

$$t = \frac{x}{v} \qquad (6)$$

であり，式 (5) に式 (6) を代入すると

$$y = \frac{1}{2}gt^2 \sin\theta = \frac{g\sin\theta}{2v^2}x^2$$

となるので，小物体の軌跡は放物線になる。

したがって，正解は **2** である。

(参考) この問題は，日頃の体験より類推できる。空に向かって投げたボールが放物線を描いて地面に落ちることから，それと同じ軌跡になっているのは **2** のみである。

【正 解】 **2**

【問】 **22**

出力 600 W の電子レンジで，20 ℃ の水 150 g を加熱したとき，水が 100 ℃ になるまでの時間は何秒か。正しいものを次の中から一つ選べ。ただし，水の比熱は 4J/(g·K) とし，電子レンジの出力は損失なく効率 100％で水だけを温めるものとする。

1　20 秒
2　40 秒
3　60 秒
4　80 秒
5　100 秒

【題 意】　この問題は熱力学の分野である。熱量計算を行えば，簡単に求めることができる。この程度の計算はてきぱきとできるようにして欲しい。じっくり考えて解くような問題ではない。

例年，気体の状態方程式，ボイル・シャルルの法則や熱伝導に関する問題が出題される。例年 2 題程度で，1 題は正誤問題，もう 1 題は計算問題である。正誤問題のほうは是が非でも正解したい。

【解 説】　水 150 g を 20 ℃ から 100 ℃ まで上昇させるのに必要な熱量 Q_i は

$$Q_i = (100 - 20) \times 150 \times 4 = 80 \times 150 \times 4 = 48\,000 \tag{1}$$

であり,電子レンジが供給しなければならない熱量 Q_o は,熱するのに要した時間を t とすると

$$Q_o = 600\,t \tag{2}$$

であるので,式(1)および式(2)より

$$Q_i = Q_o$$

であり

$$48\,000 = 600\,t$$

$$t = \frac{48\,000}{300} = 80\,\mathrm{s}$$

となる。

したがって,正解は **4** である。

〔正 解〕 4

問 23

国際単位系(SI)の SI 基本単位に含まれないものを次の中から一つ選べ。

1　質量の単位(キログラム)
2　電流の単位(アンペア)
3　エネルギーの単位(ジュール)
4　物質量の単位(モル)
5　光度の単位(カンデラ)

〔題 意〕 単位の定義に関する問題である。当然覚えておかなければならない,非常に基本的なことなので,容易に解けるはず。なお,物理でよく使用される単位や物理定数に関する問題も,例年出題されるので,整理して,きちんと覚えておくこと。特に,力,圧力,エネルギーや仕事に関する組立単位については,相互関係をよく理解しておくこと。

〔解 説〕 1 について,質量の単位(キログラム)は SI 基本単位である。

2 について,電流の単位(アンペア)は SI 基本単位である。

3 について,エネルギーの単位(ジュール)は SI 組立単位であるが,SI 基本単位

ではない．ちなみに，$1\,\mathrm{J} = 1\,\mathrm{N\cdot m} = 1\,\mathrm{kg\cdot m^2\cdot s^{-2}}$ である．

4 について，物質量の単位（モル）は SI 基本単位である．

5 について，光度の単位（カンデラ）は SI 基本単位である．

したがって，正解は **3** である．

【正解】**3**

【問】**24**

一般的な金属の性質に関する次の記述の中から，誤っているものを一つ選べ．

1　0℃ では水銀を除き固体である．
2　塑性変形が容易で，展延加工ができる．
3　不透明で輝くような金属光沢がある．
4　電気及び熱の良導体である．
5　水溶液中で陰イオンとなる．

【題意】　固体の物性に関する基礎的な問題で，一般常識があれば正解できる．近年，固体の物性を問う問題が必ず出題される．物性分野に関しては，この問題のように物質の性質や構造の問題と次問のような流体力学の問題の 2 題が最近の傾向である．

【解説】　選択肢ごとに検討する．

1 について，設問どおり，0℃ では水銀以外の金属は固体であるので，正しい．

2 について，設問どおり，金属は塑性変形が容易で，展延加工ができるので，正しい．

3 について，設問どおり，金属は不透明で輝くような金属光沢があるので，正しい．

4 について，設問どおり，金属は電気および熱の良導体であるので，正しい．

5 について，金属は水溶液中で陽イオンとなるので，誤り．

したがって，正解は **5** である．

【正解】**5**

【問】**25**

図のように，内部が加圧された密閉容器に密度 ρ の液体が入っており，この

液体が容器内の気体に押され，容器の下側にある出口から圧力 p_2 にある大気中に噴出する場合を考える。液面における容器断面積は一定で S_1，出口の断面積は S_2 とし，液体は S_1 から S_2 に滑らかに抵抗無く流れるものとする。容器内圧力が p_1 であるときの液体の噴出速度 u_2 を表す式として正しいものを次の中から一つ選べ。ただし，容器内圧力は十分に大きく，噴出速度に対する重力の影響は無視できるものとする。

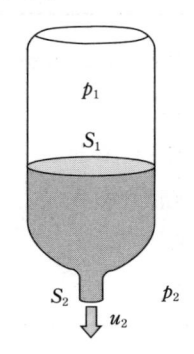

1 $u_2 = \sqrt{\dfrac{p_1 - p_2}{\rho} \dfrac{1}{1 - \left(\dfrac{S_2}{S_1}\right)^2}}$

2 $u_2 = \sqrt{\dfrac{2(p_1 - p_2)}{\rho} \dfrac{1}{1 - \left(\dfrac{S_2}{S_1}\right)^2}}$

3 $u_2 = \sqrt{\dfrac{2(p_1 - p_2)}{\rho} \left\{1 - \left(\dfrac{S_2}{S_1}\right)^2\right\}}$

4 $u_2 = \sqrt{\dfrac{2(p_1 - p_2)}{\rho} \dfrac{1}{1 - \left(\dfrac{S_2}{S_1}\right)^4}}$

5 $u_2 = \dfrac{S_1}{S_2} \sqrt{\dfrac{p_1 - p_2}{\rho}}$

[題意] 流体力学に分類され，物性分野に属す問題となる。なお，この分野の

問題は出題パターンがバラエティーに富んでいるので，カバーするのは大変である。今回のように，流体力学の基本であるベルヌーイの式（エネルギー方程式）と連続の式（質量保存の法則）に関する問題がよく出題される。公式の意味をきちんと覚えていれば解ける問題であるが，高校の物理学では習わない範囲である。流体力学は，単位時間当りで取り扱う（つまり，流速）ことが多いので，この点に注意していれば，選ぶべき選択肢の範囲が狭くなる。この分野では，これ以外に圧力に関する問題もたまに出題される。

[解説] 設問の図にしたがうと，ベルヌーイの式は

$$\frac{1}{2}\rho u_1^2 + p_1 = \frac{1}{2}\rho u_2^2 + p_2 \tag{1}$$

であり，さらに，質量流量の保存則より

$$S_1 u_1 = S_2 u_2 \tag{2}$$

である。そこで，式 (1) を変形すると

$$u_2^2 = u_1^2 + \frac{2(p_1 - p_2)}{\rho} \tag{3}$$

であり，式 (2) を変形すると

$$u_1 = \frac{S_2}{S_1} u_2 \tag{4}$$

式 (3) に式 (4) を代入すると

$$u_2^2 = \left(\frac{S_2}{S_1}\right)^2 u_2^2 + \frac{2(p_1 - p_2)}{\rho}$$

$$\left\{1 - \left(\frac{S_2}{S_1}\right)^2\right\} u_2^2 = \frac{2(p_1 - p_2)}{\rho}$$

$$u_2^2 = \frac{2(p_1 - p_2)}{\rho} \bigg/ \left\{1 - \left(\frac{S_2}{S_1}\right)^2\right\}$$

$$u_2 = \sqrt{\frac{2(p_1 - p_2)}{\rho} \bigg/ \left\{1 - \left(\frac{S_2}{S_1}\right)^2\right\}} = \sqrt{\frac{2(p_1 - p_2)}{\rho} \cdot \frac{1}{1 - \left(\frac{S_2}{S_1}\right)^2}}$$

となる。

したがって，正解は **2** である。

[正解] 2

2. 計量器概論及び質量の計量

計 質

2.1 第59回（平成21年3月実施）

---- 問 1 ----

一本のアルミニウム製円柱の同じ場所の直径を同一の鋼製ノギスを用いて一日の内に100回測定した。その測定結果のばらつきの原因として無視して差し支えないものを次の中から一つ選べ。

 1 ノギスの経年変化
 2 測定時の温度変化
 3 測定面を当てる角度のばらつき
 4 測定力のばらつき
 5 目盛読み取りのばらつき

[題意] ばらつきの要因について正確に把握する。

[解説] 鋼製ノギスを用いて繰り返し測定を行う。この場合，測定結果のばらつきの原因となる要素は測定環境や測定時の各種条件に依存する。2, 3, 4, 5 はすべてこの要素に当てはまる。

1の経年変化は，ばらつきではなく一定の偏りとして生じるもので器差として補正できる。よってばらつきの要因として考慮する必要はない。1が正解である。

[正解] 1

---- 問 2 ----

測定量と調整された基準量とを比較して測定値を求める零位法の原理を用いていない計量器を，次の中から一つ選べ。

1　線条消失形の光高温計
2　レーザー測距儀
3　電磁式はかり
4　自動平衡記録計
5　重錘型圧力計

[題意] 零位法と偏位法を用いた計測器の知識を問う。
[解説] 設問のとおり，測定量と同種類の基準量を比較するのが零位法である。未知の電圧を測定するのであれば，基準となる電圧を準備しこれと比較する。**1**の光高温計では内蔵される電球の放射輝度が基準になる。**3**の電磁式はかりでは，電磁力による力を準備し，**4**の自動平衡記録計では内蔵される電圧との比較を行う。**5**の重錘型圧力計は重錘の質量と重力加速度から力を発生させ，ラムの有効径から算出される単位面積当りに加わる力から圧力を発生させるもので，重錘の加除によって任意の圧力を発生することができる。未知の圧力とバランスを取ることで測定が可能となり，これは零位法である。

2のレーザ測距儀では参照ミラーとの光波干渉で，1/2波長単位の干渉縞が目盛に相当する。この縞の数をカウントすることによって長さや距離を測定する。これは零位法ではない。よって，**2**が正解である。

[正解] 2

[問] 3

精度の高い分銅の校正結果に影響する環境条件について，通常無視して差し支えないものを，次の中から一つ選べ。

1　温度と湿度の変化
2　大気圧の変化
3　外部からの振動
4　強い磁性をもつ機器の有無
5　試験室内の照度

【題意】 高精度で分銅を校正する時の環境条件について問う。

【解説】 高い精度で分銅の校正を行う場合，環境の影響は避けられない。温度，圧力は空気の浮力補正に影響する。湿度は水分吸着に，振動や磁気の影響は直接測定値に反映する。よって，**1**，**2**，**3**，**4** の事項は無視できない。

5 の照度の影響は通常は無視できると考えられる。**5** が正解である。

【正解】 5

【問】 4

SI単位の表記として正しいものを，次の中から一つ選べ。

1　kgw
2　J/K/kg
3　N・m
4　°K
5　μkg

【題意】 SI単位の表記についてのルールについて，その知識を問う。

【解説】 SI単位では表記について定められたルールや，より正確な表現法が採用されたため，従来慣用的に使われていたものが形を変えた表現になっている。**1** は重量キログラムであり，積載量などで使われてきたが，ニュートン表記で統一されるため，1 kgw は 9.80665 N または $kg \cdot m \cdot s^{-2}$ で表される。**2** は「三つ以上の単位が商の関係にあるとき，同一の行に二つ以上の斜線を入れない」との規定に反する。これは不明確さを避けるためである。**4** も従来使われてきたが，Kのケルビンで統一された。**5** は「二つ以上の接頭語を並べて作った合成の接頭語は用いてはならない」とした規定により不適当である。

3 は正しいJ（ジュール）の表記で，例えば1Jは1Nの力で1mの変位を与える仕事，またはエネルギーに相当する。よって，**3** が正解である。

【正解】 3

問 5

周波数 16 Hz で正弦波状に変化する量を一次遅れ形計測器で測定した。充分に時間がたってから測定出力を観察すると，その出力もやはり周波数 16 Hz で正弦波状に変化し，その位相は測定している量よりも 45°遅れていた。この計測器の時定数はおよそ何 s か。次の中から最も近い値を一つ選べ。

1　0.01 s
2　0.1 s
3　1 s
4　10 s
5　100 s

[題意]　一次遅れ系で位相遅れについての知識と時定数の算出。

[解説]　一次遅れ系計測器の時定数 τ は，ステップ状に物理量を変化させた場合の計測器の応答特性を数値的に表すもので，最終指示値の 63.2 % に達するまでの時間である。

この計測器で周波数 16 Hz で変化する物理量を測定する場合，指示値はステップ状の変化と同様に遅れが生じる。入力の交流変化に対する遅れは位相遅れで表され，$\omega\tau = 1$ のとき，45°の遅れを生じる。$\omega = 2\pi f$ であるから，τ は次式で表される。

$$\tau = \frac{1}{2\pi f} = \frac{1}{2 \times 3.14 \times 16} = 0.00995 \fallingdotseq 0.01$$

よって **1** が正解である。

[正解]　1

問 6

水を入れた標準タンクの体積を衡量法によって校正する。このとき，水の質量測定の相対標準不確かさを A，水の密度の相対標準不確かさを B とすると，最終的に得られる体積の相対標準不確かさはどのように表されるか。次の中から正しいものを一つ選べ。

1　$A + B$

2　$A \cdot B$

3　$A^2 + B^2$

4　$\sqrt{A \cdot B}$

5　$\sqrt{A^2 + B^2}$

[題意]　合成不確かさ算出の定義について問う。

[解説]　複数の物理量の測定で構成される組み立て単位の測定では個々の測定で発生する不確かさを合成することによって評価される。定義によれば「個々の不確かさの平方和の平方根」である。**5** が正解である。

[正解]　5

［問］7

圧力測定に関する次の記述の中から，誤っているものを一つ選べ。

1　重錘型圧力計は圧力標準器として用いられる。

2　ブルドン管を使った圧力測定では，指示値の時間遅れが生じる。

3　圧電式圧力計の指示値は重力加速度に依存しない。

4　液柱型圧力計の指示値は使用液体の密度に依存しない。

5　マクラウドゲージは真空度の測定に用いられる。

[題意]　各種圧力計の特性についての知識を問う。

[解説]　**1** の重錘型圧力計は，重錘の質量，ラム径の長さ，重力加速度で構成される組み立て量であり圧力標準器として用いられる。**2** のブルドン管圧力計は圧力によるブルドン管と呼ばれる管の変位を指示するもので，加圧後じわじわと膨張するクリープ現象によって時間遅れが生じる。**3** の圧電式圧力計は重錘を用いていないため重力加速度の影響を受けない。**5** のマクラウドゲージは低い圧力（真空）の体積を圧縮することで水銀柱で測定できる圧力に高めてその体積比から真空圧力を求めるもので，標準真空計として用いられる。よって，これらはすべて正しい。

4 の液柱型圧力計は液柱の高さの差から圧力を求めるもので，使用液体の密度が直

接影響する。**4**が正解である。

[正 解] **4**

---- [問] 8 ----

放射温度計の用途に関する次の記述の中から，最も適していないものを一つ選べ。

 1 連続製造ライン上を移動する物体の測定
 2 光を強く反射する常温物体の測定
 3 薄膜など熱容量の小さい物体の測定
 4 10 mm × 10 mm 程度の小さい物体の測定
 5 2 500 ℃の高温の物体の測定

[題 意] 放射温度計の用途に関する一般的な知識を問う。
[解 説] 放射温度計の用途としての特徴は非接触でさらに高温測定ができる点である。
このことから**1**の移動物体，**3**，**4**の小さな物体，**5**の高温物体，それぞれの測定に適している。**2**の反射率が高い常温物体では，放射エネルギー自体が小さく誤差を生じやすい。接触式の温度計などでの測定が望ましい。**2**が正解である。

[正 解] **2**

---- [問] 9 ----

図に示す二圧力法による湿度発生装置において，飽和槽の相対湿度は 100 %，試験槽の圧力 p_2 は大気圧であるとする。このとき，試験槽の相対湿度を表しているのは次のうちどれか。正しいものを一つ選べ。ここで，飽和槽と試験槽は同じ温度 T にあり，p_1 は飽和槽の圧力，m_a は試験槽内の空気の質量，m_v はその中に含まれる水の質量，V は試験槽の容積である。また，p_1 および p_2 は絶対圧力である。

 1 $\dfrac{m_v}{V}$

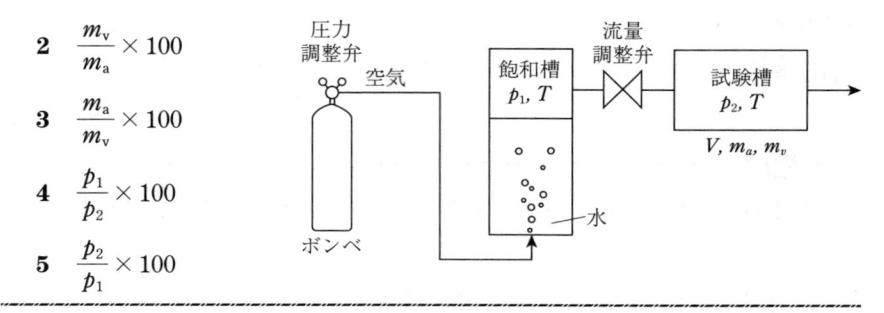

2 $\dfrac{m_v}{m_a} \times 100$

3 $\dfrac{m_a}{m_v} \times 100$

4 $\dfrac{p_1}{p_2} \times 100$

5 $\dfrac{p_2}{p_1} \times 100$

【題意】二圧力法による湿度発生の基礎原理について問う。

【解説】二圧力法による湿度発生装置において，飽和槽の相対湿度が100％で，飽和槽，試験槽の温度が等しいため，試験槽の湿度は両槽の圧力の比で表すことができる。**5**が正解である。

【正解】5

問 10

図に示すように，タクシーメーターの装置検査を行うために使用する走行検査装置のローラーの円周は巻尺を使用して測定する。巻尺により測定された寸法がLのとき，ローラーの有効周L_eの正しい計算式を次の中から一つ選べ。ここで，Wは巻尺の幅，tは厚さ，πは円周率とする。

1 $L_e = L - 2\pi \cdot t$

2 $L_e = L - \dfrac{W^2}{2L}$

3 $L_e = L - \pi \cdot t - \dfrac{W^2}{2L}$

4 $L_e = L - \pi \cdot t - \dfrac{W}{L}$

5 $L_e = L - 2\pi \cdot t - \dfrac{W}{2L}$

【題意】巻尺によるローラー周の測定で必要な補正の知識が求められる。

【解説】測定した周長Lに含まれる幾何学的な誤差要因は

① 巻尺の幅による読み取り差分

② 巻尺の厚さによる測定誤差

である。そこで，これらの要因について，それぞれ検討するとつぎのようになる。

まず，①の巻尺の幅による読み取り差分について検討する。

巻尺は，最初に置いた位置から軸方向に幅 W 分だけ移動しているので，設問の図の巻いた状態から展開（ほどいて平らな状態に）すると，図1のようになる。つまり，斜めに傾いた分だけ長く測定されることになる。巻尺の幅による読み取り差分 L_W は，巻尺の位置が幅分だけ移動しなかった場合の巻尺の寸法 L' とすると，図1より

$$L_W = L - L' = L - L\cos\theta = L(1 - \cos\theta) \tag{1}$$

となる。ここで

θ：移動しなかった場合の巻尺の幅方向の中心線と実際に測定した巻尺の幅方向中心線となす角度（図1を参照のこと）

である。

ところが，設問より，$W \ll L$（つまり，θ は微小角度）であるので，角度 θ は，近似的に

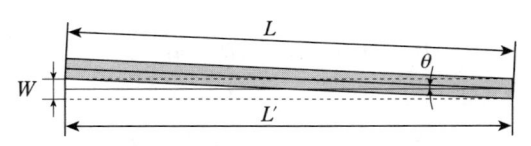

$$\theta \fallingdotseq \sin\theta = \frac{W}{L} \tag{2}$$

図1　巻尺の幅方向の差分の考え方（巻尺を展開）

とすることができ，マクローリンの級数展開より，近似的に

$$\cos\theta \fallingdotseq 1 - \frac{\theta^2}{2!} = 1 - \frac{\theta^2}{2} \tag{3}$$

とすることができる。したがって，式 (3) に式 (2) を代入すると

$$\cos\theta = 1 - \frac{1}{2}\left(\frac{W}{L}\right)^2 = 1 - \frac{W^2}{2L^2} \tag{4}$$

となるので，式 (1) に式 (4) を代入すると

$$L_W = L - L' = L - L\cos\theta = L(1 - \cos\theta) = L\left\{1 - \left(1 - \frac{W^2}{2L^2}\right)\right\}$$

$$= L\left(\frac{W^2}{2L^2}\right) = \frac{W^2}{2L} \tag{5}$$

である。

つぎに，②の巻尺の厚さによる測定誤差について検討する。

巻尺を，設問の図のように，ローラーの外径に沿って曲げて寸法を測定した場合，巻尺を曲げた内側は縮み，外側は伸びる。内側は目盛りの間隔が狭くなり，外側は広くなるが，中立面である厚み方向の中心（図2の中立面）では本来の目盛り間隔となる。つまり，巻尺の厚さ1/2の部分が測定した周長 L ということになる。

ローラー外径を D_e，中立面の（正しい目盛りの間隔での）径を D とすると

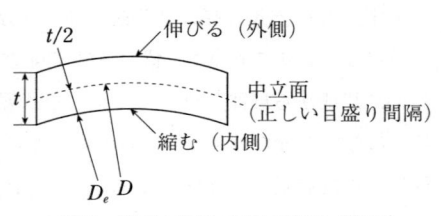

図2　巻尺の厚み方向の変形（断面）

$$D = D_e + 2 \times \frac{t}{2} = D_e + t \tag{6}$$

であり

$$D_e = D - t \tag{7}$$

である。さらに

$$\pi D_e = \pi(D - t) = \pi D - \pi t \tag{8}$$

となる。

ところが，式（8）の左辺の πD_e は L_e であり，右辺の第1項 πD は L' である（図1を参照）ので，式（8）は

$$L_e = L' - \pi t \tag{9}$$

であり，さらに，変形すると

$$L' = L_e + \pi t \tag{10}$$

である。また，巻尺の厚さによる測定誤差を L_t とすると，式（9）より

$$L_t = L' - L_e = \pi t \tag{11}$$

となる。

したがって，式（5）に式（10）を代入すると

$$L - L' = L - (L_e + \pi t) = \frac{W^2}{2L} \tag{12}$$

となり，さらに，式（12）を整理すると

$$L_e = L - \pi t - \frac{W^2}{2L} = L - \left(\pi t + \frac{W^2}{2L}\right) \tag{13}$$

を得る。

したがって，正解は **3** である。

[正解] 3

[問] 11

密度または比重を測定する計量器でないものを，次の中から一つ選べ。
1　ピトー管
2　密度こう配管
3　ピクノメーター
4　浮ひょう
5　振動式密度計

[題意]　密度，比重の測定器とそうでないものの選択。

[解説]　2の密度勾配管は文字通り2種類の密度の異なる液体の混合比を変えて密度の勾配をつけた溶液を作成しておき，密度が未知の物体がどの溶液と等しいかを判定する。3のピクノメーターは一定体積の容器で，水を入れたときと未知の液体を入れたときの質量の差から未知の液体の密度を求めるもの。4は省略。振動式密度計は密度に応じて振動子の負荷となる抵抗が変化することを利用している。以上，これらはいずれも比重，密度測定に関連する。
　1のピトー管は流体中の圧力と流速との関係から，圧力測定によって流速を求めるもの。密度には関係しない。1が正解である。

[正解] 1

[問] 12

層流式流量計の動作原理に関する次の記述のうち，誤っているものを一つ選べ。
1　差圧が同じなら流量は粘度に反比例する。
2　流量が同じなら差圧は細管の長さに比例する。
3　流量が同じなら差圧は細管径の4乗に反比例する。
4　密度が同じなら流量は差圧の平方根に比例する。
5　差圧が同じなら流量は密度にはよらない。

【題意】 層流式流量計の動作原理と関連知識，かなり専門性のある問題である。

【解説】 細い管に流体が層流で流れる場合，ここでの圧力降下は流体の流量に比例する。少し流量に関して専門的になるが半径 R，長さ L の円管内を粘度 η の流体が層流で流れる場合の流量 Q と円管両端の圧力差 P との関係は次式で表される。

$$Q = \frac{\pi R^4 \times P}{L \cdot \eta}$$

この式に設問の各条件を当てはめてみる。**1**，**2**，**3**，**5** は正しい。この式には密度の要素は含まれていない。よって **4** の流量と差圧の関係は平方根ではなく比例関係である。**4** が正解である。

【正解】 4

【問】13

次の流量計の中から，常温の空気の流量測定に使えないものを一つ選べ。

1　絞り流量計
2　電磁流量計
3　渦流量計
4　タービン流量計
5　面積流量計

【題意】 各種流量計を把握しているかその知識を問う。

【解説】 **2** の電磁流量計はファラデーの法則を応用したものである。これは電気的に導体である，一般には金属に磁界をかけておき，この金属を移動させるとそこに起電力が発生するというものである。流体の流れる管に磁界をかけておき，これに金属と同様に導電性の流体を流したとき，流速に比例した起電力を発生する。管径を測っておけば体積流量が求められる。

設問の「空気」は導電性ではないため電磁流量計では測定できない。よって **2** が正解である。**1** は絞り前後の差圧，**3** は渦発生の回数から，**4** はタービンの回転数から，**5** は可変式の絞りの応用から，それぞれの原理で空気の流量測定が可能である。

【正解】 2

---- **問** 14 ----

8ビットのA/D変換器において，入力電圧範囲が0Vから2.5Vであるとき，入力電圧の分解能として最も近い値を，次の中から一つ選べ。

1　1 mV
2　2 mV
3　5 mV
4　10 mV
5　20 mV

(題意) A/D変換器のビット数と分解能の関係を理解しているかが問われる。

(解説) A/D変換では使用するビット数によって分解能が決まる。1ビットはoffかonの二つの状態を表すことができる。分解能としては1/2であり$1/2^1$で表せる。2ビット目は，この1ビット目の出力が入力となるため$1/2^2$に，すなわち1/4の分解能となる。このようにして設問の8ビットでは同様に$1/2^8$すなわち1/256である。入力電圧範囲が2.5Vであるから2.5V = 2500 mV，分解能は2500 mV × 1/256 = 9.8 mV ≒ 10mVである。**4**が正解である。

(正解) 4

---- **問** 15 ----

図のホイートストンブリッジにおいて，検流計Gの指示値が0であったとき，抵抗Xを表す関係式はどれか，次の中から正しいものを一つ選べ。ここで，aとbは固定抵抗，Rは可変抵抗である。

1　$X = \dfrac{bR}{a}$

2　$X = \dfrac{ab}{R}$

3　$X = \dfrac{aR}{b}$

4　$X = \dfrac{R^2 - b^2}{a}$

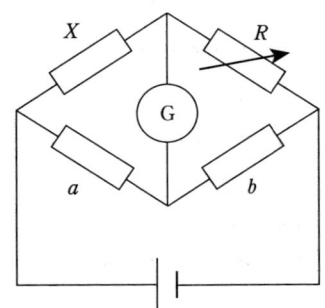

5 $X = \dfrac{R^2 - a^2}{a}$

【題意】 一般的な抵抗ブリッジの平衡条件の知識をとう。

【解説】 ホイートストンブリッジは未知の抵抗の値を求める装置である。a, b の固定抵抗と R の可変抵抗で構成されており，未知の抵抗 X を挿入して，可変抵抗を調整して検流計 G の指示値が零となる点を求める。

一般にこのような零点を求めて可変抵抗の値から未知の値を求める方法を零位法と呼ぶ。検流計が零となる条件は次式である。

$$\dfrac{X}{a} = \dfrac{R}{b}$$

$$X = \dfrac{a \cdot R}{b}$$

3 が正解である。

【正解】 3

【問】16

電子式はかりを用い，分銅の質量を参照分銅との比較によって測定した。分銅の質量はいくらか。次の中から正しいものを一つ選べ。

測定では，質量 200.000 2 g の参照分銅を電子式はかりに載せたとき，200.000 2 g を表示し，次に分銅を載せたとき，200.000 1 g を表示した。

ここで，参照分銅の体積は 24.8 cm^3，分銅の体積は 24.3 cm^3，空気密度は 0.001 2 g/cm^3 であった。

1　199.998 9 g
2　199.999 5 g
3　200.000 1 g
4　200.000 7 g
5　200.001 3 g

【題意】 参照分銅の器差，電子はかりの器差，体積の差からくる浮力の補正を考

える問題。表現が少しずつ異なっているので惑わされないような注意が必要。

[解説] 質量 200.000 2 g の参照分銅を電子式はかりに載せたとき，200.000 2 g を表示したことから，電子式はかりの器差は零で，分銅の見掛けの質量は 200.000 1 g であることがわかる。

つぎに，分銅の体積は 24.3 cm³ で参照分銅の体積に比べて 0.5 cm³ 小さい，したがって分銅に働く浮力は参照分銅に働く浮力よりも小さく，その大きさは体積の差に空気の密度 0.001 2 g/cm³ を乗じることで，0.5 × 0.001 2 = 0.000 6 g 小さいことがわかる。この場合，働く浮力が小さいことは分銅の重さが軽いことに留意。

分銅の真の質量は，見掛けの質量に浮力の差からくる補正を加えて求める。すなわち
$$200.000\ 1 + (-0.000\ 6) = 199.999\ 5\ \text{g}$$
となり **2** が正しい。

[正解] 2

[問] 17

目量の数が 10 000 以上の電磁式はかりを用いて，質量を精密測定する。このはかりの性能を有効に活用するための留意事項として，誤っているものはどれか。次の記述の中から一つ選べ。

1 測定前に内蔵分銅を用いてスパンを調整する。
2 磁化した被測定物は消磁してから測定する。
3 空調機の吹き出し口を直接はかりに向け温度を安定化する。
4 測定前にはかりの水平を調整する。
5 測定前にひょう量に相当する分銅を数回加除しクリープの影響を低減する。

[題意] 測定環境の留意事項。常識の範疇。

[解説] **1** の測定前に内蔵分銅を用いてスパン調整をする，**2** の磁化した非測定物は消磁してから測定する，**4** の測定前にはかりの水平を調整する。**5** の測定前にひょう量に相当する分銅を数回加除しクリープの影響を低減するはすべて正しい。

3 の空調機の吹き出し口を直接はかりに向けると，風圧や温度の外乱を受け，はか

りは不安定な状態になり不適切。**3** は誤り。

［正 解］ 3

［問］18

図は平行ビーム型ロードセルの概略図である。図に示すようにロードセル起歪体の内側にひずみゲージ（イ），（ロ），（ハ），（ニ）が接着されている。このロードセルに分銅を載せたとき圧縮ひずみを受けるひずみゲージはどれか。次の組合せの中から正しいものを一つ選べ。

1 （イ）と（ロ）
2 （ハ）と（ニ）
3 （イ）と（ハ）
4 （ロ）と（ニ）
5 （イ）と（ニ）

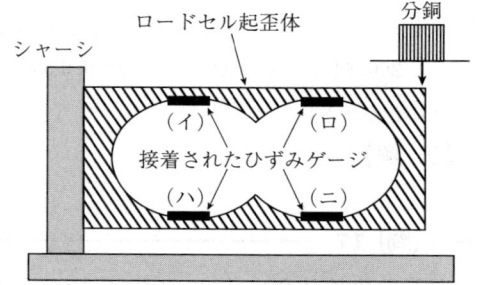

［題 意］ ロードセルの構造原理の理解度を問うもの。ゲージ接着の場所が，起歪体の内側で従来と異なることに注意。

［解 説］ 概略図に示された位置に分銅を載せると，ロードセルの（イ）と（ハ）は上に凸，（ロ）と（ニ）は下に凸のひずみが発生する。

しかし，（イ）のゲージは板厚の下側に接着されており圧縮のひずみを受けるが，（ハ）のゲージは板厚の上側に接着されており引張のひずみを受ける。

同じように，（ロ）のゲージは板厚の下側に接着されており引張のひずみを受け，（ニ）のゲージは板厚の上側に接着されており圧縮のひずみを受ける。

したがって，このロードセルに分銅を載せたとき圧縮ひずみを受けるひずみゲージは，（イ）と（ニ）で，**5** が正しい。

［正 解］ 5

［問］19

電磁式はかりに関する次の記述のうち，正しいものを一つ選べ。

1　浮力の影響を自動的に補償している。
2　荷重による永久磁石の磁力の変化を検出している。
3　偏置誤差を自動的に補償している。
4　荷重の検出方法に零位法が用いられている。
5　エアダンパが取り付けられている。

(題意) 電磁式はかりの原理を問う問題。
(解説) 1の浮力の影響を自動的に補償している，2の荷重による永久磁石の磁力の変化を検出している，3の偏置誤差を自動的に補償している，5のエアダンパが取り付けつけられているは，いずれも誤り。
4の荷重の検出方法に零位法が用いられているが正しく，正解は4。
(正解) 4

問 20

重力加速度の大きさの違いが，はかりの指示値に影響を与えないものはどれか。次の中から正しいものを一つ選べ。

1　ばね式指示はかり
2　電気抵抗線式はかり
3　手動天びん
4　電磁式はかり
5　誘電式はかり

(題意) はかりの検出原理を問う問題。
(解説) 1のばね式指示はかりは，荷重によるばねの伸びを利用したもの。2の電気抵抗線式はかりは，荷重による弾性体の変形量を電気抵抗の変化で取り出すもの。4の電磁式はかりは，荷重を電磁気的な力でつり合わせる機構。5の誘電式はかりは荷重を弦の振動周波数，音叉の振動周波数または静電容量の変化として取り出すもので，いずれも重力加速度の影響を受けない力系の検出原理を用いている。
これに対して，3の手動天びんは，てこの左右に被計量物と分銅を載せて計測する

もので，被計量物と分銅それぞれに同じ重力加速度が働いている。したがって，手動天びんの指示値は重力加速度の大きさの違いによる影響を受けない。**3**が正しい。

[正解] 3

[問] 21

計量法上の特定計量器であって，ひょう量が3kg，目量が1gの非自動はかりの器差検査を行った。1kgの分銅を載せ台に負荷した時，1 000 gを表示した。次に，1 000 gから1 001 gに表示が変化するまで0.1 gの分銅を順次載せ台に負荷した。この時の載せ台上の分銅の合計の質量は1 000.4 gであった。この検査から得られる器差はいくらか。次の中から正しいものを一つ選べ。

ただし，分銅の器差は零とし，はかりの表示はデジタル方式とする。

1　−0.1 g
2　 0.0 g
3　+0.1 g
4　+0.4 g
5　+0.6 g

[題意] 特定計量器の器差の算出に関する問題。初めての傾向で要注意。

[解説] 特定計量器の器差は，計量値から真実の値を減じた値をいい，器差の算出はつぎの式より算出する。

$$器差 = I + 0.5e - \Delta L - L$$

I：試験荷重を負荷したときの非自動はかりの指示値

e：目量

L：試験荷重

ΔL：試験荷重を負荷し，表示が安定した後1目量分変化するまで負荷した質量，具体的には，目量の1/10に相当する質量の分銅を静かに負荷して読み取る。

設問の題意から

$I = 1 000$ g，$e = 1$ g，$L = 1 000$ g，$\Delta L = 0.4$ g

これを代入して

器差 $= I + 0.5e - \Delta L - L = 1\,000 + 0.5 \times 1 - 0.4 - 1\,000 = 0.1$ g

この検査から得られる器差は 0.1 g で **3** が正しい。

[正 解] 3

[問] 22

計量法上の特定計量器であって，精度等級が 3 級，ひょう量が 6 kg の多目量はかりの定期検査を行った。2 kg と 3 kg における使用公差はいくらか。次の中から正しいものを一つ選べ。

ただし，0 kg から 3 kg までの目量は 1 g，3 kg を超え 6 kg までの目量は 2 g である。

1　2 kg は + 1.0 g，3 kg は ± 1.5 g である。
2　2 kg は ± 1.0 g，3 kg は ± 2.0 g である。
3　2 kg は ± 2.0 g，3 kg は ± 3.0 g である。
4　2 kg は ± 2.0 g，3 kg は ± 4.0 g である。
5　2 kg は ± 3.0 g，3 kg は ± 4.0 g である。

[題 意] 多目量はかりの使用公差を問う。

[解 説] 多目量はかりとは，一つのはかりの中で異なる目量を有するはかりをいう。多目量はかりの使用公差は目量の大きさごとの部分計量範囲に分けて考える。

　　0 ～ 3 kg の部分計量範囲は　　目量 1 g　　　　　　　　　　　　(A)

　　3 kg ～ 6 kg の部分計量範囲は　　目量 2 g　　　　　　　　　　　(B)

(A) における使用公差は検定公差の 2 倍で
　　1 g × 500 = 500 g まで 1 目量　　±1 g
　　1 g × 2 000 = 2 000 g まで 2 目量　　±2 g
　　1 g × 3 000 = 3 000 g まで 3 目量　　±3 g

(B) における使用公差は検定公差の 2 倍で
　　2 g × 500 = 1 000 g まで 1 目量　　±2 g
　　　　…部分計量範囲外で除外
　　2 g × 2 000 = 4 000 g まで 2 目量　　±4 g

…3 kg を超え 4 kg まで適用
　　2 g × 3 000 = 6 000 g まで 3 目量　　±6 g
　　　　…4 kg を超え 6 kg まで適用

したがって，2 kg の使用公差は ±2.0 g，3 kg の使用公差は ±3 g となり，**3** が正しい。

【正解】 3

問 23

計量法上の特定計量器でないものを次の中から一つ選べ。

1　ひょう量が 10 t，目量が 500 kg の自重計
2　ひょう量が 2 kg，目量が 1 g の調理用はかり
3　質量が 500 g の定量おもり
4　ひょう量が 5100 g，目量が 0.001 g の電磁式はかり
5　ひょう量が 100 g，表記された感量が 1 g の等比皿手動はかり

【題意】 特定計量器の定義に関する問題。
【解説】 計量法施行令第 2 条第 2 項に定められている特定計量器は
(1) 非自動はかりのうち目量が 10 mg 以上であって目盛標識の数が 100 以上のもの
　　((2) または (3) に掲げるものを除く)。
(2) 手動天びん及び等比皿手動はかりのうち，表記された感量が 10 mg 以上のもの。
(3) 自重計。
(4) 表す質量が 10 mg 以上の分銅，定量おもりおよび定量増しおもり
と定められている。
　1，**2**，**3**，**5** は特定計量器に該当するが，**4** は目量の大きさが 1 mg で特定計量器ではない。正解は **4**。

【正解】 4

問 24

計量法上の特定計量器である自動車等給油メーターの器差検定を比較法で行う。使用する基準器として，誤っているものはどれか。次の中から一つ選べ。

1　基準タンク

2　基準全量フラスコ

3　基準体積管

4　基準燃料油メーター

5　基準はかり

[題意] 自動車等給油メーターの器差検定に使用する基準器に関する問題。

[解説] 自動車等給油メーターの器差検定の方法は衡量法または比較法によって行う。比較法とは，給油メーターを流れた試験液を基準器で受け，両者の指示値を比較することによって器差を算出するもので基準の体積計が用いられる。

5の基準はかりは，衡量法で試験液の質量を測定するためのもので，比較法では必要としない。5が誤りで，正解は**5**。

[正解] 5

問 25

自動車等給油メーターの器差検定の方法として計量法に衡量法が規定されている。このとき，計量法上規定されている真実の試験液の体積を求める式はどれか。次の中から正しいものを一つ選べ。

ただし，式に使用している記号は次のとおりとする。

Q：真実の試験液の体積（L）

d：器差検定時の試験液の温度における試験液の密度（g/cm³）

W_1：試験液を容器に受ける前の基準台手動はかりの読み（kg）

W_2：試験液を容器に受けた後の基準台手動はかりの読み（kg）

1　$Q = \dfrac{W_2 - W_1}{d - 0.0011}$

2　$Q = \dfrac{W_2 - W_1}{d - 0.0012}$

3　$Q = \dfrac{W_2 - W_1}{d}$

4 $\quad Q = \dfrac{d - 0.0011}{W_2 - W_1}$

5 $\quad Q = \dfrac{d - 0.0012}{W_2 - W_1}$

【題意】　自動車等給油メーターの器差の算出に関する問題。試験液の体積が問われていることに注意。

【解説】　器差検定の衡量法とは，試験液を容器に受け基準はかりでその質量を，基準密度浮ひょうでその密度または比重を計量して行うもので，試験液の質量は試験液を入れた直後の容器全体の質量から容器の質量を減じて求める。

　また試験液の体積は，試験液の質量を密度で除して求めるが，器差検定時の試験液の温度における試験液の密度から 0.001 1 を減じて求めることに規定されている。したがって **1** が正しい。

【正解】　1

2.2 第60回（平成22年3月実施）

---- 問 1 ----

ある種の計量器は，検出ユニットと表示ユニットの組合せで構成されている。このような計量器による測定結果の信頼性を確保するための取扱いについて次の記述の中から，誤っているものを一つ選べ。

1 検出ユニットと表示ユニットを別々に校正することが法令や規格で公式に認められている場合，校正されたユニットを組み合わせた計量器全体は校正された計量器と見なされる。

2 検出ユニットと表示ユニットを別々に校正することが法令や規格で公式に認められていない場合，検出ユニットを交換したときは交換したユニットに対する校正を行ってから使用する。

3 検出ユニットと表示ユニットを別々に校正することが法令や規格で公式に認められている場合，それぞれのユニットの校正値を組み合わせて計量器全体の校正値とする。

4 検出ユニットと表示ユニットを別々に校正することが法令や規格で公式に認められていない場合，識別された各ユニットを組み合わせた計量器全体に対して校正を行ってから使用する。

5 検出ユニットと表示ユニットを別々に校正することが法令や規格で公式に認められていない場合，検出ユニットを交換したときは計量器全体に対して校正を行ってから使用する。

【題意】 測定結果の信頼性についての評価法を問う。

【解説】 検出ユニットと表示ユニットの組み合わせで構成された計量器において，各ユニットの交換や校正を行った場合，そのユニットの校正結果を計量器全体の校正結果に反映させるのは当然である。

よって，検出ユニットと表示ユニットの組み合わせで構成された計量器にあっては計量器全体の校正を行うことによって信頼性を確保することができる。**2**はユニットのみの校正と限定しており，計量器全体としての測定結果の信頼性が確保できない。

2 が正解である。

[正 解] 2

[問] 2

実量器とは，ある量の既知の値をつねに再現または供給するための器具である。次の記述の中から，実量器でないものを一つ選べ。

1　ブロックゲージ
2　分銅
3　熱電対
4　標準電気抵抗器
5　計量フラスコ

[題 意] 実量器とは何かについてその知識を問う。

[解 説] 問題文のとおり，実量器とはある量の既知の値を持つものである。1，2，4，5 は量の種類は異なるが，それぞれが単一の値を持つものである。4 の計量フラスコは一般に全量フラスコと呼び目盛り線まで液体を入れることによって基準の体積計として使用される実量器である。

3 の熱電対は温度計の一つの種類で，温度と熱起電力の関係が JIS などに規定されている。単一の値を持つ実量器ではない。よって，3 が正解である。

[正 解] 3

[問] 3

液体の密度，比重，または濃度に関する測定に使用される浮ひょうと呼ばれる計量器がある。濃度の目盛が付されている浮ひょうはどれか。次の中から一つ選べ。

1　酒精度浮ひょう
2　密度浮ひょう
3　ボーメ度浮ひょう
4　比重浮ひょう

5 日本酒度浮ひょう

【題意】 各種浮ひょうの目盛について問う。
【解説】 浮ひょうは，液体の密度，比重，濃度の測定に使用される。**2**は密度を，**4**は比重を測定する文字通りの目盛が付されている。**3**と**5**は比重と関連付けられたボーメ度，日本酒度が付されている。

1の酒精度はエチルアルコールと水の混合液中におけるエチルアルコールの体積百分率で定義された濃度である。よって**1**が正解である。

【正解】 1

【問】 **4**

押込硬さ試験および反発硬さ試験に使用される試験機に関する次の記述の中から，誤っているものを一つ選べ。

1 ビッカース硬さ試験機は，被試験試料にダイヤモンド製の角錐を押し込み，負荷される荷重とくぼみの対角線長さから押込硬さを求める。
2 ロックウェル硬さ試験機は，被試験試料に一定の荷重で鋼球を押し込み，基準点から測ったへこみ深さから押込硬さを求める。
3 ブリネル硬さ試験機は，被試験試料に鋼球を押し込み，くぼみの直径と負荷される荷重から押込硬さを求める。
4 ロックウェル硬さ試験機は，被試験試料に一定の荷重で先端を球面にしたダイヤモンドの円錐を押し込み，基準点から測ったへこみ深さから押込硬さを求める。
5 ショアー硬さ試験機は，被試験試料上にハンマーを一定の高さから落下させ，反発高さから押込硬さを求める。

【題意】 硬さ試験機の試験法についての知識を問う。
【解説】 **1**，**2**，**3**，**4**のそれぞれはダイヤモンドあるいは鋼球を測定対象の材料に力を加えて押し込み圧痕の深さや大きさからその硬さを求める。これは押し込み硬さとして材料の強度などの評価に用いられる。

134   2. 計量器概論及び質量の計量

2と**4**に同じロックウエル硬さ試験機が記されているが，ダイヤモンドの圧子と鋼球の圧子が使用できるからである。**5**のショアー硬さ試験機は選択肢の説明にあるように反発高さから硬さを評価するものであるが，押し込み硬さではなくショアー硬さとして独自の反発硬さを有している。よって**5**が正解である。

[正 解] 5

[問] 5

一辺がほぼ100 mmの直方体の三辺の長さをそれぞれノギスで測定して，体積を求める。この直方体の体積を 10^4 mm^3 の標準不確かさで求めたい場合，各辺の長さの測定値に許容される標準不確かさに最も近い値を次の中から一つ選べ。

ここで，三辺の長さの測定値の間に相関は無いものとする。

1　0.1 mm
2　0.3 mm
3　0.6 mm
4　1 mm
5　3 mm

[題 意] 直方体の体積算出における不確かさを求める。

[解 説] 直方体の各辺を x, y, z とすると体積は $V = xyz$ である。また各辺の長さの不確かさを U_x, U_y, U_z とすると，体積の不確かさ U_v は掛け算の不確かさの伝播則により，式（1）で表すことができる。

$$\left(\frac{U_v}{V}\right)^2 = \left(\frac{U_x}{x}\right)^2 + \left(\frac{U_y}{y}\right)^2 + \left(\frac{U_z}{z}\right)^2 \tag{1}$$

ここで，設問より直方体の各辺は $x ≒ y ≒ z ≒ 100$ mm，体積は $V ≒ 1\,000\,000$ mm^3 で，式（1）の右辺の x, y, z の不確かさはほぼ同じと考えると

$$\left(\frac{U_v}{V}\right)^2 = 3 \times \left(\frac{U_x}{x}\right)^2$$

$$U_x^2 = \frac{x^2}{3} \times \left(\frac{U_v}{V}\right)^2 = \frac{10^4}{3} \times \left(\frac{10^4}{10^6}\right)^2$$

$$U_x^2 = \frac{1}{3} \qquad U_x \fallingdotseq 0.58$$

よって，正解は **3** である。

[正解] 3

[問] 6

長さ関連量の JIS 規格に基づく計量器に関する次の記述の中から，誤っているものを一つ選べ。

1 外側マイクロメータの校正には，ブロックゲージを使用する。
2 ダイヤルゲージの指示誤差は，スピンドルの押込方向についてのみ測定する。
3 ノギスは測定力が適正でない場合，誤差が大きくなる危険がある。
4 コンベックスルールの校正は，張力を加えない状態で行う。
5 オプチカルフラットの平面度は，光波干渉縞を用いて測定する。

[題意] 長さ関連量に対する JIS 規格の知識を問う。

[解説] 各種長さ測定器の校正環境についての設問である。

2 のダイヤルゲージは測定子の変位を機械的に拡大して，回転変位に変換して指針を回転させる構造を持つ。いくつかの歯車で構成されているため，押し込む場合と戻す場合で歯車の当たり方が異なり，ヒステリシスを生じる。そのため測定に当たっては押し込みと戻しで得られるデータを考慮しなければならない。**2** は誤りである。

3 のノギスについては測定物の同一線上に目盛りが刻まれていないため誤差を生じやすい。アッベの原理に反する計測器であり，測定力の影響も大きい。**3** は正しい。

[正解] 2

[問] 7

熱電対を用いた温度測定に関する次の記述の中から，正しいものを一つ選べ。

1 補償導線を使用する場合は，熱電対と基準接点の間に接続する。
2 熱起電力は測温接点と基準接点のみで生じる。
3 同じ種類の熱電対の熱起電力は，常に測温接点と基準接点の温度差のみで決まり，基準接点温度によらない。
4 基準接点の温度は測温接点の温度より常に低くなければならない。
5 測温接点は常に測定対象と電気的に絶縁されていなければならない。

[題意] 熱電対の基準接点についての知識を問う。

[解説] 熱電対の熱起電力は測温接点から基準接点に至る全経路の温度環境に対する発生電圧である。そのため基準接点までの距離が長くても熱電対素線を使用しないと正確な測定ができない。

しかし，白金などの貴金属を何メートルもはわせることは経済的ではない。そこで高温測定部は白金を使い，100℃程度の環境ではそれに変わる特性のよく似た素線を使う。これが補償導線である。**1** が正解である。以上から **2**，**3** は誤り，**4** の基準接点の温度条件も限定されない。**5** もつねにと限定されることはない。

[正解] 1

[問] 8

次の物理現象または物理法則のうち，1990年国際温度目盛の定義に用いられていないものはどれか。次の中から一つ選べ。

1 白金の電気抵抗の温度依存性
2 プランクの法則
3 ボイル・シャルルの法則
4 飽和蒸気圧の温度依存性
5 ゼーベック効果

[題意] 国際温度目盛の定義についての知識を問う。

[解説] 1990年国際温度目盛の定義では温度領域に対応する4種類の物理現象が用いられる。

0.65 K～5.0 K ではヘリウムの蒸気圧と温度の関係で定義されており，**4** が対応する。3.0 K～24.6 K では気体温度計で定義されており，ここでは一定体積中の圧力と温度の関係が用いられ，**3** が対応する。13.8 K～961.78 ℃ では白金抵抗温度計で定義，**1** がこれに当たる。961.78 ℃ 以上では一つの定義定点を用いたプランクの放射則によって定義され，**2** に対応する。

5 のゼーベック効果は熱電対の物理現象であるが，1990 年国際温度目盛では熱電対自体が除かれたため **5** が正解である。

〔正解〕 5

〔問〕 9

国際計量基本用語集 (1993 年) における次の用語とその説明文の組合せの中から，誤っているものを一つ選べ。

1　計器の正確さ：真の値に近い応答を与える計器の能力
2　感度：計量器に与える刺激の変化を，それに対応する計器の応答の変化で除したもの
3　分解能：有意に識別され得る表示装置の指示の間の最小の差異
4　ドリフト：計器の計量特性の緩やかな変化
5　繰返し性：同一の測定条件の下で，同一の測定量を繰返し測定したとき，ほとんど同様の指示を与える計器の能力

〔題意〕 国際計量基本用語とその説明の対応について問う。
〔解説〕 国際計量基本用語では用語とそれに対応する説明が記されている。ここでは用語の定義で述べられているため国際計量基本用語に照らし合わせるしかない。1，3，4，5 は正しい。

2 の感度は「計器の応答の変化を，対応する刺激の変化で除したもの」が正しく，逆の表現になっている。はかりの感度をイメージすると理解しやすいかもしれない。指針の振れを分銅の質量で除したものと考える。2 は誤りである。

〔正解〕 2

問 10

デジタル計量器に関する次の注意事項の中から，誤っているものを一つ選べ。

1 量子化の分解能より微小な信号が失われる。
2 サンプリング時間間隔の二倍よりも短い周期の変動は正しく検出できない。
3 デジタル計量器は外部への雑音源となり得る。
4 アナログデータの量子化に際して四捨五入方式のみが利用される。
5 測定値のドリフトや直線性にかかわる問題はある。

[題意] デジタル化における各種の知識が求められる。

[解説] デジタル計量器ではアナログ量をデジタル化する機構が必要である。アナログデータの量子化では最小ビットに対応するアナログ量より小さな量は切捨てまたは切り上げされる。これが量子化誤差で避けられない。できる限りアナログ量を忠実にデジタル変換するためビット数を増やすなどの手段がとられる。**4** は誤りである。
1，2，3，5 は記述として正しい。

[正解] 4

問 11

一次遅れ形計測器 A および B の周波数特性を調べると，A と B の折点周波数の比は 2 : 1 であった。この場合，A と B の時定数の比として正しいものを一つ選べ。

1 $2:1$
2 $\sqrt{2}:1$
3 $1:\sqrt{2}$
4 $1:2$
5 $1:4$

[題意] 折れ点周波数と時定数の関係についての知識を問う。

[解説] 一次遅れ形計測器の周波数特性を見ると，周波数が高くなるに従ってゲ

イン（利得）が低下する。時定数を τ とすると $\omega = 1/\tau$ のとき，ゲインは $-3\,\mathrm{dB}$，位相遅れは $45°$ となる。

この条件に対応する周波数を折れ点周波数という。要するに，上記 $\omega = 1/\tau$ は $2\pi f = 1/\tau$ で $f = 1/(2\pi\tau)$ が折れ点周波数である。

A，B の折れ点周波数を f_A，f_B，時定数を τ_A，τ_B とすると次式となる。

$$f_\mathrm{A} = \frac{1}{2\pi\,\tau_\mathrm{A}} \quad f_\mathrm{B} = \frac{1}{2\pi\,\tau_\mathrm{B}}$$

$$\frac{f_\mathrm{A}}{f_\mathrm{B}} = \frac{\tau_\mathrm{B}}{\tau_\mathrm{A}}$$

設問より，$f_\mathrm{A}/f_\mathrm{B} = 2/1$ であるから $\tau_\mathrm{A} : \tau_\mathrm{B} = 1 : 2$

したがって，**4** が正解である。

〔正 解〕 4

〔問〕12

PID 調節計に関する次の記述の中から，誤っているものを一つ選べ。

1　積分時間を零にすると PD 動作をする。
2　微分時間を零にすると PI 動作をする。
3　P は比例，I は積分，D は微分を意味する。
4　積分動作は定常偏差を取り除く効果がある。
5　微分動作は遅れを打ち消す効果がある。

〔題 意〕 PID 調節計の各動作についての知識を問う。

〔解 説〕 PID の動作を簡単に記述すると下記となる。

$$y = -K_p \left\{ x + \frac{1}{T_\mathrm{I}} \int x\,dt + T_\mathrm{D}\,\frac{dx}{dt} \right\}$$

ここで，x は偏差，y は出力，K_p は比例ゲイン，T_I は積分時間，T_D は微分時間である。

x という偏差が発生するとそれを修正するマイナスの比例出力が発生する（P 動作）。それと同時に緩やかな偏差には積分動作（I 動作）が，急激な偏差には微分動作（D 動作）が働き，これらの要素を調整することによって最適な制御が実現できる。

上の式に選択肢の事項を当てはめていけばよい。**1** の「積分時間を零にすると」を

式に入れると積分動作はむしろ大きくなることがわかる。**1** は誤りである。

［正 解］ 1

［問］ 13

水の入ったタンク底面における圧力を求めるため，図の点Aにマノメータの一端を接続し，他端を大気開放したところ図のような平衡状態になった。点Aにおける圧力（ゲージ圧）として最も近い値を次の中から一つ選べ。

ここで，水の密度は 1000 kg/m³，水銀の密度は 14000 kg/m³，重力加速度の大きさは 10 m/s² とする。

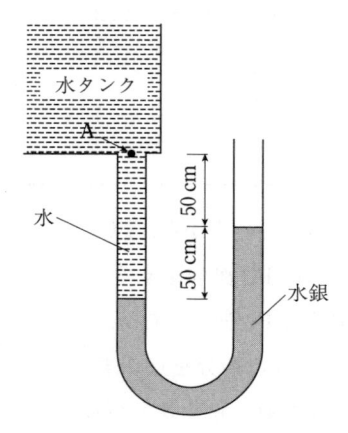

1　0.080 MPa

2　0.075 MPa

3　0.070 MPa

4　0.065 MPa

5　0.060 MPa

［題 意］ マノメータによる圧力測定についての知識を問う。

［解 説］ マノメータのゲージ圧 P は密度 × 重力加速度 × 液中の高さである。

$P = \rho \cdot g \cdot L$

点Aの圧力は，水銀柱 50 cm の差分から水柱 100 cm 分を差し引くことによって求

まる。

水銀柱では

$14\,000 \text{ kg/m}^3 \times 10 \text{ m/s}^2 \times 0.5 \text{ m} = 70\,000 \text{ kg/(m} \cdot \text{s}^2)$

水柱では

$1\,000 \text{ kg/m}^3 \times 10 \text{ m/s}^2 \times 1 \text{ m} = 10\,000 \text{ kg/(m} \cdot \text{s}^2)$

点Aの圧力は

水銀柱 − 水柱 = $70\,000 - 10\,000 = 6\,0000 \text{ kg/(m} \cdot \text{s}^2)$ = 60 kPa

= 0.060 MPa

正解は **5** である。

〔正解〕 **5**

【問】**14**

ノイズに関する次の記述の中から，誤っているものを一つ選べ。

1 ランダムノイズは平均化処理によって低減できる。

2 外来電磁波ノイズは電磁シールドによって低減できる。

3 コモンモードノイズは差動入力回路によって低減できる。

4 低周波ノイズはローパスフィルターによって低減できる。

5 静電ノイズは接地によって低減できる。

〔題意〕 各種ノイズについて，その低減法を問う。

〔解説〕 **4** のローパスフィルターは，通常，周波数特性についての効果を表現するものである。低周波領域をパスする機能であり，このフィルターでは低周波ノイズを通過させることになり低減できない。**4** は誤りである。

〔正解〕 **4**

【問】**15**

あるデジタル電圧計の 2 V レンジ（最大表示 1.999 9 V）の誤差限界が ±（0.02 % of reading + 1 digit）と表記されている。この電圧計の設定で 1.000 0 V の表示を得たときの誤差限界の値を次の中から一つ選べ。

ここで，reading はデジタル表示器の読み値を，digit はデジタル表示器の最小桁のきざみを意味する。

1　±0.000 1 V
2　±0.000 2 V
3　±0.000 3 V
4　±0.000 4 V
5　±0.000 5 V

[題意] デジタル機器の誤差限界の算出を行う。

[解説] デジタル電圧計の誤差限界は設問のように読み取り値のパーセントと最小表示の1 digit で表示されている。読み取り値が1 V で 0.02%の誤差は，下記で計算できる。

$$1.000\ 0\ \text{V} \times 0.000\ 2 = 0.000\ 2\ \text{V}$$

最小表示の1 digit は 0.000 1 V であるから，誤差は

$$0.000\ 2 + 0.000\ 1 = 0.000\ 3\ \text{V}$$

であり，誤差限界としては，±0.000 3 V である。**3** が正解である。

[正解] 3

[問] 16

図1は，はかりに使われているロードセルの概略図である。図1のイ，ロ，ハ，ニに接着してあるひずみゲージを図2のブリッジ回路に組んで完成させたい。イ，ロ，ハ，ニのひずみゲージを図2のA から F のどこの箇所に入れたら正しいブリッジ回路が出来るか。次の組合せの中から正しいものを一つ選べ。

1　イ－A，ロ－B，ハ－C，ニ－D
2　イ－B，ロ－C，ハ－D，ニ－E
3　イ－C，ロ－D，ハ－E，ニ－F
4　イ－D，ロ－E，ハ－F，ニ－A
5　イ－E，ロ－F，ハ－D，ニ－C

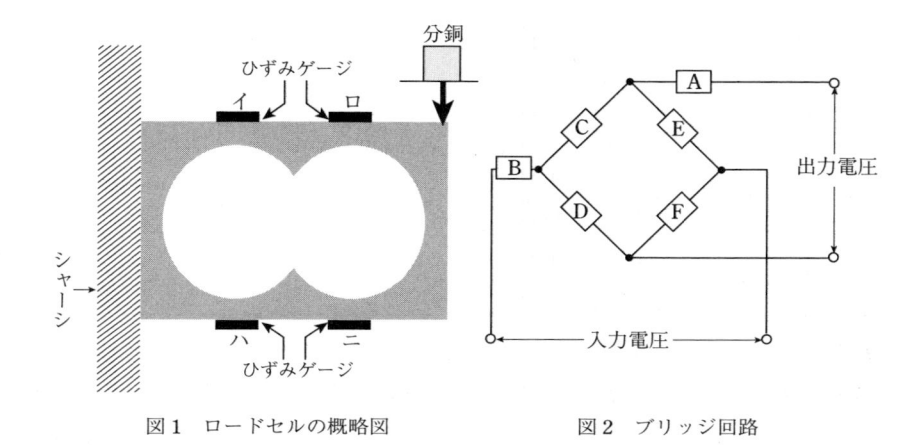

図1 ロードセルの概略図　　図2 ブリッジ回路

【題　意】 ひずみの発生方向と，ブリッジ回路の理解を問う複合問題。

【解　説】 図の位置に分銅を載せると，ロードセルのイとニは凸のひずみを生じ，ロとハは凹のひずみを生じる。凸のひずみは表面を引っ張りひずみゲージは伸び，抵抗値は増大する。凹のひずみは表面を圧縮しひずみゲージは縮まり，抵抗値は減少する。ひずみゲージをブリッジ回路に組み込むときは，ブリッジの中で，抵抗値が増大するもの，または減少するものどうしを対辺に配置しなければならない。したがって，**3** が正しい。

【正　解】 3

【問】17

空気中で電子天びんを用いて置換ひょう量法により試料の測定を行った。試料を載せたときの表示値が，校正された分銅を載せたときの表示値に等しいとき，試料の質量を正しく求める式はどれか，次の中から一つ選べ。

ただし，M_t は求める試料の質量，M_r は校正された分銅の質量，ρ_a は空気の密度，ρ_t は試料の密度，ρ_r は校正された分銅の密度である。

1　$M_t = M_r \left\{ 1 + \rho_a \left(\dfrac{1}{\rho_t} + \dfrac{1}{\rho_r} \right) \right\}$

2 　 $M_t = M_r \left\{ \rho_a \left(\dfrac{1}{\rho_r} - \dfrac{1}{\rho_t} \right) - 1 \right\}$

3 　 $M_t = M_r \left\{ \rho_a \left(\dfrac{1}{\rho_t} - \dfrac{1}{\rho_r} \right) - 1 \right\}$

4 　 $M_t = M_r \left\{ 1 - \rho_a \left(\dfrac{1}{\rho_r} - \dfrac{1}{\rho_t} \right) \right\}$

5 　 $M_t = M_r \left\{ 1 - \rho_a \left(\dfrac{1}{\rho_t} - \dfrac{1}{\rho_r} \right) \right\}$

【題意】 置換ひょう量法という言葉で測定のイメージをわかせることも大事。

【解説】 置換ひょう量法とは，天びんの右皿に試料を載せ，左皿にこれとつり合うおもりを載せて静止点を読み，つぎに資料を降し，その代わりに校正された分銅を載せ，同じつり合い点を求める方法で，これに電子天びんを用いた。設問により試料を載せたときの表示値が，校正された分銅を載せたときの表示値に等しい。試料および分銅にはそれぞれ浮力が働いているので，このことからつぎの式が成り立つ。

　　分銅の質量 − 分銅に働く浮力 ＝ 試料の質量 − 試料に働く浮力

すなわち

$$M_r - \rho_a \dfrac{M_r}{\rho_r} = M_t - \rho_a \dfrac{M_t}{\rho_t}$$

この式から M_t を求めると

$$M_t = M_r \left\{ 1 - \rho_a \left(\dfrac{1}{\rho_r} - \dfrac{1}{\rho_t} \right) \right\}$$

となる。**4** が正しい。

【正解】 **4**

【問】 **18**

ひょう量が 1 000 kg，目量が 1 kg の電子式はかりを，重力加速度の大きさが 9.790 2 m/s² の場所で製造する。このはかりを重力加速度の大きさが 9.800 0 m/s² の場所に移動して使用するとき，1 000 kg の分銅を載せて 1 000 kg を表示させるには，製造場所において，1 000 kg の分銅を載せたときの表示値をいくらに調整しておけばよいか。次の中から正しいものを一つ選べ。

ただし，重力加速度以外の測定条件は製造場所と移動先とで同一とする。

1　979 kg
2　980 kg
3　999 kg
4　1 000 kg
5　1 001 kg

[題意]　重力加速度の理解度を問う。

[解説]　分銅を別の場所に移動させると，重力加速度の影響を受け分銅の重さは変化する。製造地における分銅の重さを W_1，その地の重力加速度の大きさを g_1，移動した場所での分銅の重さを W_2，重力加速度の大きさを g_2 とすると，その関係は次式で表せる。

$$\frac{W_1}{g_1} = \frac{W_2}{g_2}$$

$g_1 = 9.790\,2\ \mathrm{m/s^2}$, $g_2 = 9.800\,0\ \mathrm{m/s^2}$

$W_2 = 1\,000$ kg を代入すると

$$W_1 = \frac{9.790\,2}{9.800\,0} \times 1\,000 = 999\ \mathrm{kg}$$

となる。

したがって，**3** が正しい。

[正解]　**3**

[問] 19

計量法上の特定計量器であって，ひょう量が 10 kg，目量が 2 g の非自動はかりの検定を行った。5 kg の分銅を載せ台に負荷したとき，5.002 kg を表示した。次に，5.002 kg から 5.004 kg に表示が変化するまで 0.2 g の分銅を順次載せ台に負荷した。このときの載せ台上の分銅の合計の質量は 5.001 2 kg であった。この検定から得られる器差はいくらか。次の中から正しいものを一つ選べ。

ただし，分銅の器差は零とし，はかりの表示はデジタル方式とする。

1　-1.0 g

2　+1.2 g
3　+1.8 g
4　+2.0 g
5　+2.8 g

[題意] 器差の算出に関する問題。

[解説] 特定計量器の器差は，計量値から真実の値を減じた値をいい，器差の算出はつぎの式より算出する。

$$器差 = I + 0.5e - \Delta L - L$$

I：試験荷重を負荷したときの非自動はかりの指示値
e：目量
L：試験荷重
ΔL：試験荷重を負荷し，表示が安定した後　1目量分変化するまで負荷した質量，
　　具体的には，目量の1/10に相当する質量の分銅を静かに負荷して読み取る。

設問から

$I = 5\,002\,\text{g}, \ e = 2\,\text{g}, \ L = 5\,000\,\text{g}, \ \Delta L = 1.2\,\text{g}$

これを代入して

$器差 = I + 0.5e - \Delta L - L = 5\,002 + 0.5 \times 2 - 1.2 - 5\,000 = 1.8\,\text{g}$

この検査から得られる器差は+1.8 gで **3** が正しい。

[正解] 3

[問] 20

特定計量器である質量計に関する次の記述の中から，誤っているものを一つ選べ。

1　定量おもりの検定公差は，その質量の千分の1である。
2　表す質量が1 kgの分銅の硬さは，ブリネル硬さが40以上でなければならない。
3　定量増おもりの検定公差は，質量が100 g未満のものは10 mgである。
4　複目量はかりとは，同じ荷重受け部に対して，ひょう量と目量とが異な

る二つ以上の計量範囲をもったはかりで，それぞれの計量範囲が零からひょう量まで有効である．

5　不定量おもり及び不定量増おもりを使用するはかりは，その旨を表記しなければならない．

[題意]　法規制に関する問題．幅広い知識が求められる．

[解説]　定量おもりの検定公差は，その質量の千分の1である．定量増しおもりの検定公差は，質量が100g未満のものにあっては10mgである．複目量はかりの定義はJIS B 7611-2で規制され，同じ荷重受けに対して，ひょう量と目量が異なる二つ以上の計量範囲をもったはかりで，それぞれの計量範囲が零からひょう量まで有効である．不定量おもりおよび不定量増しおもりを使用するはかりは，その旨を表記しなければならない．

1, **3**, **4**, **5** はともに正しい．分銅の硬さはブリネル硬さが48以上でなければならないとあり，**2**が誤り．

[正解]　**2**

---- [問] 21 ----

次に示すはかりの中から，原理的に重力加速度の大きさの違いが，はかりの指示値または表示値に影響を与えるものを一つ選べ．

1　ベランジャ式はかり
2　振子式指示はかり
3　手動天びん
4　台手動はかり
5　ばね式指示はかり

[題意]　はかりの検出原理を問う問題．

[解説]　振子式指示はかりは振子の復元力を利用して，手動天びんはてこの左右に荷重を負荷して，台手動はかりは増しおもりと送りおもりで，ベランジャ式はかりは手動指示はかりの一種，JIS B 7611-1の技術要件として，ロバーバル式はかりおよ

148   2. 計量器概論及び質量の計量

びベランジャ式はかりの対称性についての記述もある。いずれも荷重，バランス機構ともに重力加速度の影響を等しく受けるので，重力加速度の大きさが変化しても，はかりの指示値には影響しない。

一方，ばね式指示はかりは荷重によるばねの変位を表示するもので，重力加速度の大きさの違いがはかりの指示値に影響する。正解は **5** である。

【正 解】 **5**

【問】 **22**

次に示す部品名の中から，計量法上の機械式はかりに使用されないものを一つ選べ。

1　ラック及びピニオン
2　ライダ
3　にらみ
4　フォースコイル
5　不定量増おもり

【題 意】　部品の名称は用途まで理解すること。

【解 説】　**1** のラックおよびピニオンは，ばね式はかりなどで荷重による上下動を指針の回転に変換する装置に用いる。

2 のライダは手動天びんで微量のバランスを調整するもので，線形分銅を天びんの腕に架けて用いる。

3 のにらみは小型台はかりなど手動式はかりのつり合いを視定するためのもの。

5 の不定量増おもりは，台手動はかりの増しおもりの一つ。

4 のフォースコイルは，電磁式はかりに用い，磁界中のコイルに電流を流して平衡力を発生させるものをいう。

したがって，**4** が機械式はかりに使用されない。正解は **4** である。

【正 解】 **4**

問 23

　図は，台手動はかりの原理図である。長機と呼ばれるてこの重点 A_2 と，短機と呼ばれるてこの重点 A_3 で台を直接支えている。このとき次の釣合いの式として正しいものを一つ選べ。

　ただし，式中の M は分銅の質量，P は増おもりの質量，a_1，a_2，a_3，b_1 及び b_2 は図に示す長さである。また重力加速度の影響は無視する。

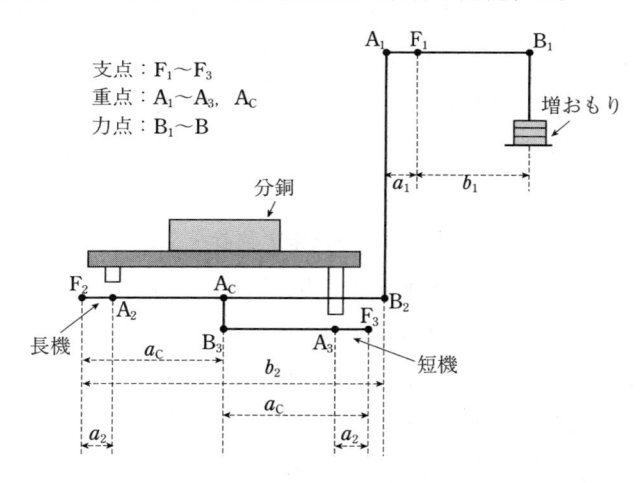

```
支点：F₁〜F₃
重点：A₁〜A₃, A_C
力点：B₁〜B
```

図　台手動はかりの原理図

1　$M = \dfrac{b_1}{a_1} \times \dfrac{b_2}{a_2} \times P$

2　$M = \dfrac{b_1}{a_1} \times \dfrac{b_2}{a_c} \times P$

3　$M = \dfrac{a_2}{a_1} \times \dfrac{b_2}{b_1} \times P$

4　$M = \dfrac{b_1}{a_1} \times \dfrac{a_c}{a_2} \times P$

5　$M = \dfrac{a_1}{a_2} \times \dfrac{b_1}{b_2} \times P$

〔題意〕　台はかりの理解度を問うもの。

〔解説〕　台はかりのつり合いの式とは，てこ比の計算にほかならない。支点Fと重点Aとの距離を a，支点Fと力点Bとの距離を b とすると，てこ比は

b/a で表される。長機のてこ比は，b_2/a_2，計量棹のてこ比は b_1/a_1，台はかりは長機と計量棹の直列連結であるので，はかりの全体のてこ比は $(b_1/a_1) \times (b_2/a_2)$ となる。

したがって，つり合いの式は **1** が正しい。

[正 解] 1

[問] 24

計量法上の特定計量器である自動車等給油メーターの器差検定を行う。このときの計量体積は，JIS B 8572-1 において「使用最小流量（又は最小流量）の場合，最小測定量とし，大流量（又は最大流量）の場合，使用最大流量の区分に応じそれぞれ次の体積とする。」と定められている。次の使用最大流量の区分に応じた計量体積の記述の中から，誤っているものを一つ選べ。

ただし，この自動車等給油メーターは定量装置を有していない。

1 使用最大流量が 40 L/min 未満のものは 5 L 以上
2 使用最大流量が 80 L/min 未満のものは 10 L 以上
3 使用最大流量が 80 L/min 以上 120 L/min 未満のものは 20 L 以上
4 使用最大流量が 120 L/min 以上 160 L/min 未満のものは 50 L 以上
5 使用最大流量が 160 L/min 以上のものは 100 L 以上

[題 意] 直近の法改正をとりあげているが，選択肢 5 個の関連にも注意したい。

[解 説] 自動車等給油メーターは，平成 20 年 11 月に計量法の改正があり，器差検定の方法については JIS を引用するように改正された。

JIS B 8572-1 の付属書 A に器差検定の方法が記載されており，このときの計量体積として，**2～5** が規定されている。**1** は誤りである。

なお，選択肢をよく読めば，**1** が異端していることにも気が付く。

[正 解] 1

[問] 25

計量法の規定に基づき，自動車等給油メーターの検定を液体メーター用基準タンクを用い，比較法で行った。このときの自動車等給油メーターの表示は

50.15 L，液体メーター用基準タンクの読みは 49.90 L であった。この結果から計算される自動車等給油メーターの器差はいくらか。次の中から正しいものを一つ選べ。

ただし，液体メーター用基準タンクの器差は −0.10 L とし，自動車等給油メーターは温度換算装置を持たないものとする。

1　−0.50 %
2　−0.30 %
3　+0.30 %
4　+0.50 %
5　+0.70 %

【題意】器差の算出に関する問題。

【解説】検査には基準タンクを使用し比較法で検査を行っている。計量器の器差の算出は，計量値から真実の値（基準器が表す値，器差のある基準器は器差の補正を行った後の値）を減じた値またはその真実の値に対する割合をいうと定められている。給油メーターの表示は 50.15 L，基準タンクの読みは 49.90 L，このときの基準タンクの器差は −0.10 L を代入する。選択肢が %表示になっているので，器差率で計算することに留意する。

計量値を I，真実の値を Q とすると器差率は次式で算出される。

$$器差率 = \frac{I - Q}{Q} \times 100$$

$$= \frac{50.15 - \{49.90 - (-0.10)\}}{50.00} \times 100 = 0.30 \ (\%)$$

3 が正しい。

【正解】3

2.3 第61回（平成23年3月実施）

―― 問 1 ――

計量器の主要な特性の説明が次に示す（ア）から（エ）の各項目に記述されている。これらに対応する用語の組合せの候補が選択肢 1 から 5 に示されている。選択肢の中から，説明と用語の正しい組合せを一つ選べ。

(ア) 同一の条件下で，同一の測定対象量を複数回測定したとき，ほとんど同様の指示を与える能力
(イ) 計量器の応答の変化を，対応する刺激の変化で除したもの
(ウ) 計量器に対して，規格や法令などで許容される誤差の限界値
(エ) 有意に識別され得る表示装置の指示の間の最小の差異

1　（ア）繰返し性　　（イ）感度　　（ウ）最大許容誤差（エ）分解能
2　（ア）繰返し性　　（イ）分解能　（ウ）最大許容誤差（エ）感度
3　（ア）繰返し性　　（イ）分解能　（ウ）感度　　　（エ）最大許容誤差
4　（ア）最大許容誤差（イ）分解能　（ウ）繰返し性　（エ）感度
5　（ア）最大許容誤差（イ）感度　　（ウ）繰返し性　（エ）分解能

[題意] 計量器の主要特性を明確にする。

[解説] 計量器の主要な特性について，その正しい説明を求めている。（ア）の同一条件下での測定ということを考慮すると「繰返し性」が選択できる。（イ）の対応する刺激，すなわち物理量の変化に対して応答の変化との割合を示すものは「感度」である。小さな物理量の変化に対して計量器の応答があれば，感度が高いと表現される。（ウ）の許容される誤差の限界値については「最大許容誤差」が選択される。

上記の条件を満たす選択肢は **1** であり，正解は **1** である。ちなみに（エ）では表示装置の問題として，指示の間の最小の差異と説明される特性は「分解能」である。

[正解] 1

〔問〕2

計量器を構成する要素のうち，測定対象量によって直接に影響を受けるものをセンサ（検出素子）という。次の中から，センサではないものを一つ選べ。

1　熱電対温度計の熱電対
2　タービン流量計のロータ
3　圧力計のブルドン管
4　分光光度計の光電セル
5　光高温計の高温計電球

〔題意〕 各種計量器のセンサについての知識を問う問題。

〔解説〕 各計量器について物理量の変化をさまざまなセンサで検出し，計量値として読み取る。

1は熱起電力（電圧），2は回転数，3は歪み量（変位），4は電流（または電圧）を通して計量値として読み取る。

5の光高温計の高温計電球は電球のフィラメント電流を手動または自動的に変化させ高温の測定対象と輝度が等しくなるように調節し，その電流値から温度を求めるものである。測定対象と輝度が等しくなるとあたかもフィラメントが消えたように見え，線条消失と呼ばれ，この測定は合致法である。5はセンサではないため，これが正解である。

〔正解〕 5

〔問〕3

重錘型圧力計は，おもりに作用する重力を精密加工されたピストンシリンダに伝えることによって基準圧力を発生する。ピストンの直径を d，おもりの質量を m，重力加速度を g とすると，発生する圧力は $4mg/(\pi d^2)$ で表される。ピストンの直径の不確かさを u_d，おもりの質量の不確かさを u_m とすると，圧力の不確かさはどの式で表されるか。選択肢の中から正しいものを一つ選べ。

ただし u_d と u_m の間に相関関係はなく，重力加速度には定義値を使用し，ピ

ストンとシリンダの間のすきまや摩擦の影響は無視できると仮定する。また不確かさは全て標準相対不確かさを意味する。

1　$2u_d + u_m$
2　$2u_d u_m$
3　$4u_d^2 + u_m^2$
4　$2\sqrt{2u_d + u_m}$
5　$\sqrt{4u_d^2 + u_m^2}$

【題意】　合成不確かさの算出法について問う。

【解説】　直径の不確かさ u_d，おもりの質量の不確かさ u_m から圧力の不確かさを求める。

発生する圧力は $4mg/(\pi d^2)$ であるから合成不確かさを求める場合 d と m ではそれぞれの重みが異なる。直径の不確かさ u_d では二乗で影響するため $2u_d$，おもりの質量の不確かさ u_m はそのままで算出される。合成不確かさは各不確かさの二乗和の平方根で定義されているため **5** が正解である。

【正解】　**5**

【問】 **4**

次の計量器又は検出器の中から，電気的測定を必要としないものを一つ選べ。

1　ブルドン管
2　熱電対
3　ピエゾ素子
4　抵抗線式ひずみゲージ
5　抵抗温

【題意】　電気的測定に使用される検出器について問う問題。

【解説】　**1** のブルドン管は先端を封止したパイプをＣ字形に曲げた構造で，パイプ内に圧力を加えると先端が変位する。その変位量を拡大して圧力表示する。電気的測定を必要としない。正解は **1** である。

2 は熱起電力（電圧），**3** は外力を加えることで発生する電気分極（電圧），**4** は抵抗値の変化，**5** も同様に抵抗値の変化で，これらはすべて電気的測定を必要とする。

【正解】 1

---- 問 5 ----

標準温度 0 ℃で目盛付けされた水銀マノメータを使用して 20 ℃ に保たれた部屋で圧力を測定したところ，200.0 kPa の値を示した。このときの圧力の正しい値はどれか。次の中から一つ選べ。ここで，マノメータの補正係数は $-0.00015\ ℃^{-1}$ とする。

1 199.0 kPa
2 199.4 kPa
3 200.0 kPa
4 200.6 kPa
5 201.0 kPa

【題意】 温度補正に対する考え方を問う問題。
【解説】 標準温度 0 ℃ で校正された水銀マノメータを 20 ℃ で使用する。マノメータの補正係数は $-0.00015\ ℃^{-1}$ であるから，20 ℃ では -0.003 である。20℃ での測定値 200.0 kPa について補正量を求めると -0.6 kPa であり，**2** が正解である。

【正解】 2

---- 問 6 ----

水銀封入ガラス製温度計で液体の温度を測定するときの注意事項に関する次の記述の中から，誤っているものを一つ選べ。

1 視差が生じないように示度を読み取る。
2 示度を水銀糸のメニスカスの下端により視定する。
3 露出長さと露出部の温度の影響を考慮する。

4 温度変化に伴う指示の遅れに注意する．
5 温度計の取り付け姿勢の影響を考慮する．

[題意] 水銀封入ガラス製温度計で温度測定するときの注意事項について問う問題．

[解説] **1**では水平視定が必要，**3**では露出部の影響を考慮する，**4**では熱容量の大きさによって指示の遅れを注意，**5**の取り付けは液面に対して垂直，これらはすべて正しい事項である．

2の示度の視定はメニスカスの下端ではなく上端とすべきで，特に温度下降時のメニスカスの上端部は誤差を生じやすい．**2**は誤りである．

[正解] **2**

[問] 7

マイクロメータのアンビル又はスピンドルの測定面の平面度検査は，オプチカルフラットと測定面を密着させ，両者のすきまに対応して生じる光波干渉を用いて行われる．波長 λ の光を用いる場合，観測された隣接する干渉縞の間隔に対応するすきまの差はいくらか．次の中から正しいものを一つ選べ．

1　$\lambda/4$
2　$\lambda/2$
3　λ
4　2λ
5　4λ

[題意] 光波干渉による測定の基礎知識を問う．

[解説] 光波干渉の原理は光が波の性質を持つことを利用している．すなわち一つの波について別の波が同相か逆相かによって強められたり，弱められたりする．これが干渉縞として観測される．

設問ではスピンドルとオプチカルフラットとの隙間を往復した光がちょうど縞と縞の間，波長 λ に対応していることから隙間は $\lambda/2$ であり，**2**が正解である．

[正解] 2

[問] 8

てこ式ダイヤルゲージに関する次の記述において，括弧の中に入る言葉の組合せとして正しいものを選択肢の中から一つ選べ。

てこ式ダイヤルゲージは，測定子の動きをてこで（　ア　）している。測定するときは，測定子の変位方向が測定子の中心線にできるだけ（　イ　）になるようにし，（　イ　）でない場合には補正する。ダイヤルゲージをスタンドで保持するときには，スタンドの支柱や腕の長さをなるべく（　ウ　）して使用する。

	ア	イ	ウ
1	縮小	平行	長く
2	縮小	平行	短く
3	拡大	直角	短く
4	拡大	直角	長く
5	拡大	平行	短く

[題意] てこ式ダイヤルゲージの構成に対する知識を問う。

[解説] てこ式ダイヤルゲージは測定子の微小回転変位を機械的に「拡大」して指針を回転させる機構を持つ。測定方向に対して測定子を正しく「直角」にしないと誤差を生じる。ゲージの保持はできるだけ「短い」支柱などを用いる。その他 JIS の規定がある。

3 が正解である。

[正解] 3

[問] 9

次の温度計のうち，検出器が測定対象と同じ温度になることを利用しないものはどれか。次の中から一つ選べ。

1 熱電対温度計
2 バイメタル温度計
3 放射温度計
4 サーミスタ温度計
5 雑音温度計

【題意】 温度平衡の正しい理解について問う。

【解説】 温度計は通常，測定対象と温度計のセンサ部の温度が平衡することによって，正しい測定が可能となる。

1，2，4 はその点で理解できる。5 の雑音温度計は抵抗器が発する雑音レベルがそのときの温度に依存する原理に基づいている。抵抗器が温度平衡に達したとき正しい温度が求められる点では上記のものと同様である。

3 の放射温度計は放射されるエネルギーから対象温度を測定するもので，センサそのものが対象温度と平衡するものではない。3 が正解である。

【正解】 3

【問】10

熱電対の JIS 規格（C 1602）およびシース熱電対の JIS 規格（C 1605）に基づく次の記述の中から，誤っているものを一つ選べ。

1 補償導線は常温付近で，組み合わせて使用する熱電対とほぼ同一の熱起電力特性をもつ。
2 シース熱電対には粉末状の無機絶縁物が充てん封入されている。
3 規準熱起電力は規準熱電対の基準接点が 0℃ のときに発生する。
4 保護管は熱電対素線を不活性ガス雰囲気に保つために用いる。
5 絶縁管は熱電対の素線相互間の短絡を防ぐために用いる。

【題意】 熱電対使用時の各種知識が求められる。

【解説】 1 の補償導線は特に貴金属熱電対などを長い距離伝送する場合の代替素線として有効である。2 の絶縁物は素線の安定状態を維持する。3 は設問の JIS 規

格表に採用されている。**5**は文字通りである。

4の保護管は測定環境から熱電対を保護するためのもので，素材により酸化雰囲気でも使用される。**4**が誤りである。

〔正解〕 4

---- 問 11 ----

配管内の流速分布の違いの影響を考慮しなくてよい流量計を，次の中から一つ選べ。

1　オリフィス流量計
2　超音波流量計
3　渦流量計
4　容積式流量計
5　電磁流量計

〔題意〕 流量計における流速分布の影響について問う。

〔解説〕 流量計は流体が管内を流れていく中で起こすさまざまな物理現象を利用しているため，多くの種類が開発されている。

1は流量と圧力の関係で，ベルヌーイの法則に基づいている。**2**は流体の中を超音波が伝播するとき，流量によって伝播時間が変化することを利用している。**3**は流れの中に杭を立てたときその周辺に渦ができるが，その渦の数と流量の関係を利用している。**5**はファラデーの法則を導電性流体に応用したもので，磁界中を流れる流体と起電力から流量を求める。この4種類の流量計はいずれも流れの状態に依存した測定法であり，流速分布の影響は避けられない。

4は一定体積の容器で1杯，2杯と測ってゆく方式を機械的に構成したようなもので，流れの分布の影響を受けない。**4**が正解である。

〔正解〕 4

---- 問 12 ----

計量器の目盛のSI単位記号として用いてよいものを次の中から一つ選べ。

1　kgf

2　J/(deg・kg)

3　μkg

4　N/m/s

5　Hz

[題意] SI単位記号の使用制限についての知識を問う。

[解説] SI単位では，表す単位についてあいまいさが生じないようにいくつかの約束が定められている。この約束に沿って選択肢を見てみる。

1の重力単位は用いず，9.8 N と表現する。**2** では deg を用いないで K または℃で表す。**3** は μ と k との二つの接頭語が付けられており適当ではなく，換算した mg で表す。**4** では同一行に2以上の斜線を使うと紛らわしいため表現を変える。**4** は N/(m・s) とする。よってこれらは用いてはならない。

5 は単位の名称が固有名詞に由来するときは第1文字のみ大文字とし，その他を小文字とする約束としており，Hz のヘルツは表現として正しい。**5** が正解である。

[正解] 5

[問] 13

一次遅れ形計測器にステップ入力を与えたところ，指示値は3秒後に最終値の95%に達した。この計測器の時定数に最も近い値を次の中から一つ選べ。なお，必要であれば20の自然対数 log 20 を3としてよい。

1　0.1 s

2　0.3 s

3　1 s

4　3 s

5　9 s

[題意] 一次遅れ形計測器の時定数の算出法を問う。

[解説] 一次遅れ形計測器にステップ入力 x を与えたとき t 秒後の応答を y とす

ると，その関係は次式で表すことができる。この計測器の時定数を τ とする。

$$y = x\left\{1 - \exp\left(-\frac{t}{\tau}\right)\right\}$$

$x = 1$ として標準化するとともに，設問より $y = 0.95$，$t = 3$ を代入する。

$$0.95 = 1 - \exp\left(-\frac{3}{\tau}\right)$$

$$0.05 = \exp\left(-\frac{3}{\tau}\right)$$

両辺の自然対数を求めると

$$\ln(0.05) = -\frac{3}{\tau}$$

$$\ln\left(\frac{1}{20}\right) = -\frac{3}{\tau}$$

$$-3 = -\frac{3}{\tau}$$

$$\tau = 1\,\text{s}$$

したがって，**3** が正解である。

〔正 解〕 3

〔問〕14

流量計に関する次の記述の中から正しいものを一つ選べ。
1 電磁流量計の指示値は流体の密度及び圧力の影響を受けない。
2 絞り流量計の指示値は前後の差圧の平方根及び密度に比例する。
3 渦流量計は渦の発生周波数が流速の 2 乗に比例することを利用している。
4 タービン流計計には可動部があるが，面積流量計には可動部はない。
5 超音波流量は液体だけに適用できる。

〔題 意〕 流量計の測定原理と構造の知識を問う。
〔解 説〕 各種流量計の特性，構造について，**1** の電磁流量計はその構造上磁界はかけられるものの管内の物理的な障害物はなく，密度や圧力の影響は受けない。**1** は正しい。

2 の絞り流量計は絞り前後の差圧の平方根に比例した値から流量が求められるが，密度は反比例の関係となり，誤りである。

3 の渦流量計ではカルマン渦と呼ばれる渦の発生周波数に比例した流速が求められる。よって，これも誤りである。**4** の面積流量計は絞り流量計を縦型にした構造で，テーパの付いた管の中にフロートが入れられており，流量に応じて管とフロートの隙間を変えるようにフロートが稼動する。**4** は誤りである。

5 は基本的に音波を利用しており，気体液体を問わない。**5** も誤り。

[正 解] 1

[問] 15

マイクロ波の電力 P (mW) の大きさを表す方法として 1 mW を基準に比として表わす dBm（ディービーエム）が用いられることがある。ここで，dBm で表わした電力 p は p = 10 $\log_{10}$ P として表わされ，1 mW は 0 dBm となる。それでは，-10 dBm で表わされる電力の大きさは何 mW か。次の中から正しいものを一つ選べ。

1　10 mW
2　6 mW
3　3 mW
4　0.1 mW
5　0.01 mW

[題 意] 電力の dBm 表記法の算出を行う。

[解 説] 設問の dBm を表す式，p = 10 $\log_{10}$ P に p = -10 dBm を代入する。

-10 dBm = 10 $\log_{10}$ P

$-10/10$ = $\log_{10}$ P

-1 = $\log_{10}$ P

定義より P = 10^{-1} = 0.1 mW

したがって，**4** が正解である。

[正 解] 4

---- 問 16 ----

ロードセルに用いるひずみゲージの抵抗材料に関する次の記述の中から，誤っているものを一つ選べ。

1　比抵抗が小さい。
2　抵抗温度係数が小さい。
3　ひずみ感度が大きい。
4　伸びが大きく，弾性範囲が広い。
5　抵抗の経年変化が小さい。

題意　金属材料の特性を問う問題。新しい傾向である。

解説　抵抗温度係数が小さい。ひずみ感度が大きい。伸びが大きく，弾性範囲が広い。抵抗の経年変化が小さいはすべてひずみゲージに求められる特性要件である。

1の比抵抗とは比電気抵抗のことで，電気の流れにくさを表す値。長さ1 cm，断面積1 mm^{2}の大きさの金属材料の抵抗値で表す。比抵抗が小さいということは導体に近いということでひずみゲージとして成り立たない。1が誤り。

正解　1

---- 問 17 ----

電子式はかりを用い，空気中で試料の質量を分銅との比較によって測定した。試料の質量はいくらか。次の中から正しいものを一つ選べ。

ただし，分銅の質量は200.000 g，分銅の体積は25 cm^3，分銅を電子式はかりに載せたときの表示は200.000 g，試料を電子式はかりに載せたときの表示は199.900 g，試料の体積は125 cm^3，空気の密度は0.001 2 g/cm^{3}とする。

1　199.880 g
2　199.888 g
3　199.912 g
4　200.020 g

5 200.220 g

[題意] 浮力の補正に関する問題。ただし,両者の指示値に差があることに注意。

[解説] 設問から,分銅の測定値が 200.000 g,資料の測定値が 199.900 g であるが,それぞれに浮力が働いている。浮力の大きさはそれぞれの体積に空気の密度を乗じたもので,分銅の質量を M_A,体積を V_A,資料の質量を M_B,体積を V_B,空気の密度を ρ とすると,つぎの式が成り立つ。

$$M_A - V_A \times \rho = M_B - V_B \times \rho + 0.100$$

∴ $M_B = M_A - \rho \times (V_A - V_B) - 0.100$

数値を代入して

$M_B = 200.000 - 0.001\,2 \times (25 - 125) - 0.100 = 200.02$ g

したがって,**4** が正しい。

[正解] 4

[問] 18

重力加速度の大きさが 9.790 m/s^2 の場所で分銅を電子式はかりに載せたとき,10.000 kg を表示した。この測定を重力加速度の大きさが 9.800 m/s^2 の場所で行うと,はかりの表示はいくらか。次の中から正しいものを一つ選べ。

ただし,重力加速度以外の測定条件は同一で,他の誤差要因の影響は無視する。

1 9.790 kg
2 9.800 kg
3 9.990 kg
4 10.010 kg
5 10.215 kg

[題意] 重力加速度の理解度を問う問題。

[解説] 分銅を別の場所に移動させると,重力加速度の影響を受け分銅の重さ

は変化する。分銅の重さを W_1, その地の重力加速度の大きさを g_1, 移動した場所での分銅の重さを W_2, 重力加速度の大きさを g_2 とすると，その関係は次式で表せる。

$$\frac{W_1}{g_1} = \frac{W_2}{g_2}$$

これに $g_1 = 9{,}.790 \text{ m/s}^2$, $g_2 = 9.800 \text{m/s}^2$, $W_1 = 10.000$ kg を代入すると

$$W_2 = \frac{9.800}{9.790} \times 10.000 \cong 10.010 \text{ kg}$$

となる。

したがって，**4** が正しい。

〔正解〕 4

問 19

下図に示す皿受棒の長さが δ だけ短いばね式指示はかりの偏置誤差に関する次の記述の中から，正しいものを一つ選べ。

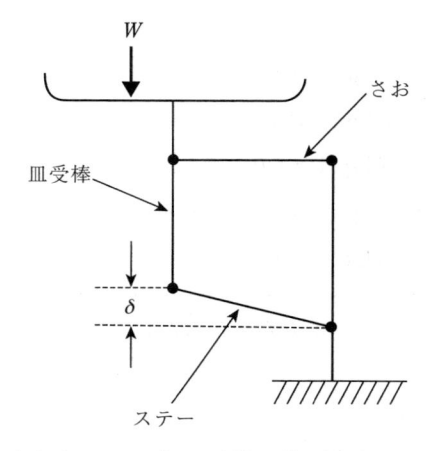

1 偏置誤差は，さおとステーとの距離が長いほど小さい。
2 偏置誤差は，はかりを水平に設置すれば除くことができる。
3 偏置誤差は，荷重の大きさに関係なく常に一定である。
4 偏置誤差は，さおの長さが短いほど小さい。
5 偏置誤差は，δ が小さいほど大きい。

〔題 意〕 ロバーバル機構の理解度を問うもの。

〔解 説〕 ロバーバル機構を有するはかりの偏置誤差は，負荷の偏芯量 e と皿受け棒の長短 δ，荷重の大きさ W に比例し，平衡リンクの大きさに反比例する。

したがって **2**，**3**，**4**，**5** はともに誤り。

さおとステーとの距離が長いほど平衡リンクの大きさが大きくなり偏値誤差は小さくなるので，**1** は正しい。

〔正 解〕 1

〔問〕20

計量法上の特定計量器であって，精度等級が3級，ひょう量が 12 kg の多目量はかりの定期検査を行った。4 kg と 8 kg における使用公差はいくらか。次の中から正しいものを一つ選べ。

ただし，0 kg から 6 kg までの目量は 2 g，6 kg を超え 12 kg までの目量は 5 g である。

1 4 kg は ±1.0 g，8 kg は ±1.5 g である
2 4 kg は ±2.0 g，8 kg は ±3.0 g である
3 4 kg は ±2.0 g，8 kg は ±5.0 g である
4 4 kg は ±4.0 g，8 kg は ±7.5 g である
5 4 kg は ±4.0 g，8 kg は ±10.0 g である

〔題 意〕 多目量はかりの使用公差を問う問題。

〔解 説〕 多目量はかりとは，一つのはかりの中で異なる目量を有するはかりをいう。多目量はかりの使用公差は目量の大きさごとの部分計量範囲に分けて考える。

       $0 \sim 6$ kg の部分計量範囲は目量 2 g   (A)

       6 kg ~ 12 kg の部分計量範囲は目量 5 g   (B)

(A) における使用公差は検定公差の2倍で

       2 g×500 ＝ 1 000 g まで1目量 ±2 g…1 kg まで適用

       2 g×2 000 ＝ 4 000 g まで2目量 ± 4 g…1 kg を超え 4 kg まで適用

       2 g×3 000 ＝ 6 000 g まで3目量 ± 6 g…4 kg を超え 6 kg まで適用

(B) における使用公差は検定公差の 2 倍で

5 g×500 = 2 500 g まで 1 目量 ±5 g… 部分計量範囲外で除外
5 g×2 000 = 10 000 g まで 2 目量 ±10 g…6 kg を超え 10 kg まで適用
5 g×2 400 = 12 000 g まで 3 目量 ±15 g…10 kg を超え 12 kg まで適用

したがって 4 kg の使用公差は ±4 g，8 kg の使用公差は ±10 g となり，**5** が正しい。

[正 解] **5**

---- [問] **21** ----

計量法上の特定計量器であって，ひょう量が 1200 g，目量が 0.2 g の非自動はかりの検定を行った。

初めに，1 kg の分銅を載せ台に負荷したとき，999.8 g を表示した。続けて目量の 10 分の 1 に相当する分銅を表示が 999.8 g から 1000.0 g に変化するまで順次載せ台に負荷した。このときの載せ台上の分銅の合計は 1000.02 g であった。

1 kg の分銅を載せ台に負荷したときの器差はいくらか。次の中から正しいものを一つ選べ。

ただし，分銅の器差はゼロとし，はかりの表示はデジタル方式とする。

1 　−0.22 g
2 　−0.20 g
3 　−0.12 g
4 　−0.02 g
5 　＋0.18 g

[題 意] 器差の算出に関する問題。

[解 説] 特定計量器の器差は，計量値から真実の値を減じた値をいい，器差の算出はつぎの式より算出する。

器差 = $I + 0.5\,e - \Delta L - L$

I：試験荷重を負荷したときの非自動はかりの指示値

e：目量

L：試験荷重

ΔL：試験荷重を負荷し，表示が安定した後1目量分変化するまで負荷した質量，具体的には，目量の1/10に相当する質量の分銅を静かに負荷して読み取る。

題意から

$\quad I = 999.8\,\mathrm{g},\ e = 0.2\,\mathrm{g},\ L = 1000\,\mathrm{g},\ \Delta L = 0.02\,\mathrm{g}$

これを代入して

$\quad 器差 = I + 0.5e - \Delta L - L = 999.8 + 0.5\times 0.2 - 0.02 - 1\,000$

$\quad\quad\quad\ = -0.12\,\mathrm{g}$

この検査から得られる器差は $-0.12\,\mathrm{g}$ で **3** が正しい。

〔正 解〕 3

問 22

図は，てこに荷重が働いて水平に釣合った状態を示す。このときの釣合いの式として，正しいものを選択肢の中から一つ選べ。

ただし，図と式に使用している記号は以下のとおりとする。

A：重点

B：力点

F：支点

G：てこの重心

W：荷重

P：荷重

Q：てこの重量

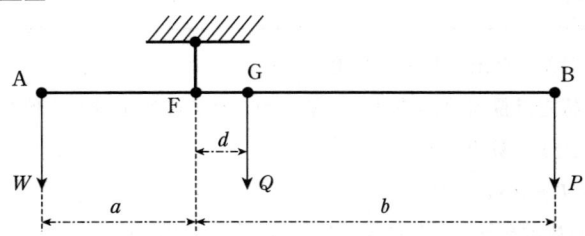

1 $W \times a = P \times b$
2 $W \times a = P \times b + Q \times d$
3 $W \times a = (P - Q)(b - d)$
4 $W \times a = P \times b - Q \times d$
5 $W \times a = \dfrac{(P + Q)(b + d)}{2}$

【題意】 てこのつり合いを問うもの。基本中の基本である。

【解説】 てこに荷重が働いて水平につり合うということは，支点を挟んで左右の回転モーメントが同じであることをいう。

左端は問題図から明らかなように，$W \times a$ となり，右端は力点の荷重と重心との和が働いてつり合っているもので，$P \times b + Q \times d$ になる。**2** が正しい。

【正解】 2

問 23

フレミングの左手の法則を応用し，負荷した荷重を零位法によって釣合わせて測定を行うはかりはどれか。次の中から正しいものを一つ選べ。

1 電気抵抗線式はかり
2 電磁式はかり
3 弦振動式はかり
4 静電容量式はかり
5 圧力式はかり

【題意】 はかりの検出原理を問うもの。

【解説】 電磁式はかりは，永久磁石を使用し電磁気力で平衡させるもので，磁界の中にある導体に電流を流し，フレミングの左手の法則に従って発生する力と荷重とを平衡させるもので，零位法でつり合わせている。**2** が正しい。

【正解】 2

問 24

JIS B 8572-1 に記されている自動車等給油メーターの検定公差に関する次の記述の中から，正しいものを一つ選べ。

1　計量する体積にかかわらず，±0.5 %
2　計量する体積にかかわらず，±1.0 %
3　計量する体積が 6L 未満の場合は ±0.03 L，6 L 以上の場合は ±0.5 %
4　計量する体積が 10 L 以下の場合は ±0.05 L，10 L を超える場合は ±0.5 %
5　計量する体積が 20 L 以下の場合は ±0.1 L，20 L を超える場合は ±0.5 %

[題意]　自動車等給油メーターの検定公差を問う問題。

[解説]　JIS に「自動車等給油メーターの検定公差は ±0.5%とする。」とあり，1 が正しい。

3，4，5 は文章をよく読めば明らかに誤りと気付くはずである。

[正解]　1

問 25

計量法上の特定計量器である自動車等給油メーターの器差検定を衡量法により行った。このときの自動車等給油メーターの器差を求める式はどれか。次の中から正しいものを一つ選べ。

ただし，式に使用している記号は以下のとおりとする。

E：器差（%）
I：自動車等給油メーターの指示値（L）
d：器差検定時の表記された燃料油の温度におけるその密度値（g/cm^3）
W_1：燃料油を容器に受ける前の基準台手動はかりの読み（kg）
W_2：燃料油を容器に受けた後の基準台手動はかりの読み（kg）

1　$E = \left(I - \dfrac{W_2 - W_1}{d - 0.0011} \right) \times 100$

2　$E = \left\{ I^2 - \dfrac{I(W_2 - W_1)}{d - 0.0011} \right\} \times 100$

3　$E = \left\{ \dfrac{I(W_2 - W_1)}{d - 0.0011} - 1 \right\} \times 100$

4　$E = \left\{ \dfrac{I(d - 0.0011)}{W_2 - W_1} - 1 \right\} \times 100$

5　$E = \left\{ 1 - \dfrac{I(d - 0.0011)}{W_2 - W_1} \right\} \times 100$

【題意】 自動車等給油メーターの器差の算出に関する問題。

【解説】 給油メーターの指示値を I,真実の値を Q とすると器差 E は $E = I - Q$,器差率 $E[\%]$ は $E[\%] = \dfrac{I - Q}{Q} \times 100$ で表せる。器差検定の衡量法とは,試験液を容器に受け,基準はかりでその質量を,基準密度浮ひょうでその密度または比重を計量して行うもので,試験液の質量は試験液を入れた容器全体の質量 W_2 から容器の質量 W_1 を減じて求める。

また試験液の体積は,試験液の質量を密度で除して求めるが,器差検定時の試験液の温度における試験液の密度 d から 0.0011 を減じて求めることが規定されている。

このことから,真実の量 Q は

$$Q = \dfrac{W_2 - W_1}{d - 0.0011}$$

この値を器差率の式に代入して

$$\begin{aligned}
E[\%] &= \dfrac{I - Q}{Q} \times 100 \\
&= \left\{ \left(I - \dfrac{W_2 - W_1}{d - 0.0011} \right) \div \dfrac{W_2 - W_1}{d - 0.0011} \right\} \times 100 \\
&= \left\{ \dfrac{I(d - 0.0011)}{W_2 - W_1} - 1 \right\} \times 100
\end{aligned}$$

となる。

したがって,4 が正しい。

【正解】 4

一般計量士　国家試験問題　解答と解説
1. 一基・計質 （計量に関する基礎知識／計量器概論及び質量の計量）（平成21年～23年）

Ⓒ（社）日本計量振興協会　2012

2012年1月6日　初版第1刷発行

検印省略

編　　者	（社）日本計量振興協会 東京都新宿区納戸町 25-1 電話 (03)3268-4920
発 行 者	株式会社　コ ロ ナ 社
代 表 者	牛来真也
印 刷 所	萩原印刷株式会社

112-0011　東京都文京区千石 4-46-10
発行所　株式会社　コ ロ ナ 社
CORONA PUBLISHING CO., LTD.
Tokyo　Japan
振替 00140-8-14844・電話(03)3941-3131(代)

ホームページ　http://www.coronasha.co.jp

ISBN 978-4-339-03203-1　　（柏原）　　（製本：愛千製本所）
Printed in Japan

本書のコピー，スキャン，デジタル化等の無断複製・転載は著作権法上での例外を除き禁じられております。購入者以外の第三者による本書の電子データ化及び電子書籍化は，いかなる場合も認めておりません。

落丁・乱丁本はお取替えいたします